Maps for Historic Liquefaction Sites in Japan

日本の液状化履歴マップ
745–2008

若松加寿江
［著］

東京大学出版会

Maps for Historic Liquefaction Sites in Japan, 745-2008

Kazue WAKAMATSU

University of Tokyo Press, 2011
ISBN 978-4-13-060757-5

液状化による被害例

写真1 「甲寅の十一月駿河の国大地震により泥水をふき出し図」と解説されている．噴き出した泥水に驚いて逃げまどう人々の様子が描かれている．1854年安政東海地震．[安政見聞録巻之中]

写真2 噴砂現象の瞬間．1983年日本海中部地震，能代市落合三面球場．[松森尚文氏撮影]

写真3 噴砂によって生じた砂火山．1987年千葉県東方沖の地震，浦安市海楽1丁目．[著者撮影]

写真4 屏風山砂丘の休耕田内に出現した長径7m，短径5.6mの巨大噴砂孔．1983年日本海中部地震，青森県つがる市富萢町(旧車力村富萢)．〔基礎地盤コンサルタンツ㈱提供〕

写真5 後志利別川の旧河道内にできた円弧状の地割れから噴きだした砂．筋状に白く写っているのが噴砂．1993年北海道南西沖地震，北海道せたな町北檜山区兜野．〔㈱シン技術コンサル提供〕

写真6 2003年5月宮城県沖の地震の際に宮城県東松島市では，水田の広範な地域に大規模な噴砂が発生した．一部の地点では，同年7月の宮城県沖の地震でも噴砂が観察された．さらに，2005年宮城県沖の地震の際にも再び液状化したところがあった．再液状化の典型と言える．2003年宮城県沖の地震，宮城県東松島市(旧鳴瀬町)牛網．〔吉田望氏提供〕

写真7　新潟市川岸町2丁目の新潟明訓高校の校庭での噴水とその後の洪水の状況．1964年新潟地震．［竹内寛氏提供］（a）揺れを感じてから約3分後（地割れができはじめた），（b）約4分後（地割れから突然地下水が湧き上がった），（c）約5分後（校庭は人の腰の深さまで湛水した）．

写真8　地震の約13分後の液状化による湛水の状況．左側のガレージ入り口は不同沈下で傾斜している．2007年新潟県中越沖地震，柏崎市松波2丁目．［遠山寛氏撮影］

写真9 液状化後の過剰間隙水圧消散による圧密沈下．ポートライナーの橋脚部に段差ができている．1995年兵庫県南部地震，神戸市中央区ポートアイランド．[吉田望氏提供]

写真10 陥没し，波打つ道路と石塀．1983年日本海中部地震，能代市河戸川大須賀．[能代市(1984)昭和58年(1983年)5月26日 日本海中部地震能代市の災害記録]

写真11 沈下し大きく傾いた直接基礎の鉄筋コンクリートのアパート．隣の棟は完全に横倒しになった．1964年新潟地震，新潟市川岸町2丁目．[早稲田大学提供]

写真12 屋根を支える柱が沈下したために天井高が低くなり，梁がバスの屋根にのしかかった車庫．1964年新潟地震，新潟市万代1丁目．[河角広編(1968)：General Report on the Niigata Earthquake of 1964]

写真13 不同沈下した住宅．1995年兵庫県南部地震，尼崎市築地．[堀江啓氏提供]

写真14 不同沈下した住宅の内部．基礎地盤が液状化したことにより建物を支えている柱が大きく沈下し，中央部分があたかも隆起したようになった．1983年日本海中部地震，能代市黒岡．[能代市(1984)昭和58年(1983年)5月26日 日本海中部地震能代市の災害記録]

写真15　不同沈下した薬品タンク．1995年兵庫県南部地震，神戸市長田区駒ヶ林南町．［著者撮影］

写真16　傾斜した墓地．2003年宮城県北部地震，宮城県南郷町二郷後袋．［地盤工学会(2003)2003年三陸南地震・宮城県北部地震災害調査報告書］

写真17　約1.3m浮き上がったマンホール．1993年釧路沖地震，北海道釧路郡釧路町．［吉田望氏提供］

写真18　浮上し転倒した地下に埋設されていた重油タンク．1993年北海道南西沖地震，北海道檜山郡江差町柳崎．［陶野郁雄氏提供］

液状化による被害例 —— vii

写真19　秋田県八郎潟西承水路にかかる五明光大橋の取り付け道路の盛土の亀裂・崩壊．1983年日本海中部地震．［秋田魁新報社(1983)秋田沖大地震M7.7恐怖の記録］

写真20　階段状に滑り出し道路が沈下した十勝川の堤防．2003年十勝沖地震，北海道豊頃町大津．［読売新聞社提供］

写真21　護岸の背後地盤が液状化したことにより岸壁全体が海に向かって滑り出しエプロンが1～1.5m陥没した．1983年日本海中部地震，秋田港大浜2号岸壁．［東海大学海洋学部海洋土木工学科(1984)昭和58年日本海中部地震写真報告集］

写真22 六甲ライナーの落橋．液状化によって護岸の背後地盤が2m近く海方向に流動したことにより直径6m深さ20mのコンクリートケーソンで支えられていた六甲ライナーの橋脚が移動・傾斜し，橋桁が落下した．1995年兵庫県南部地震，神戸市六甲アイランド北部．［著者撮影］

写真23 ケーソン護岸を支持するために敷かれた砂が液状化し，護岸が4m近く海側へ滑動したために，液状化した背後地盤が海側へ変位し，同時に2m以上沈下した．1995年兵庫県南部地震，神戸市ポートアイランド北部の護岸．［著者撮影］

写真24 道路に埋め込まれていたガス管の変形．液状化した地盤が水平方向に移動したことによって押し上げられた．1964年新潟地震，新潟市東区船江町．［小柳武夫氏撮影］

液状化による被害例──ix

写真25 地震で50 cm不同沈下した建物の杭を20年後に掘り出したところ，どの杭も上下2カ所，ほぼ同じ深さでコンクリートの圧壊と鉄筋の座屈を伴う著しい破損を生じていた．杭先端と杭頭部の水平変位は1.0〜1.2 mであり，杭の変形の方向はすべて南東の方向であった．被害の原因は液状化によって表層地盤が南東方向に水平方向に移動したためと考えられている．1964年新潟地震，新潟市中央区弁天1丁目．[河村壯一氏提供]

写真26 液状化による地盤変位が原因で破壊した杭．この施設があった埋立地は，ほぼ全域が液状化し北側護岸は運河に向かって1〜2 m水平方向に変位した．地震後，護岸から約40 m離れた建屋の杭基礎を掘削調査した結果，杭頭部とフーチングは護岸側に数十cm移動しており，杭頭部から6.5 mのところで破断して，これを境に杭の上下で10 cmずれていたことが判明した．1995年兵庫県南部地震，神戸市東灘区魚崎浜東灘下水処理場．[中山学氏提供]

写真27 盛土造成地盤の液状化した部分が大きく流動したために，下水管路が移動し，マンホールと管との接合部がずれた．1993年釧路沖地震，釧路市緑ヶ岡6丁目．[釧路市下水道部提供]

x ── 液状化による被害例

はしがき

　1991年に『日本の地盤液状化履歴図』を上梓してちょうど20年が経過した．この間，平成5年（1993年）釧路沖地震を皮切りにして，わが国は毎年のように地震被害に見舞われ，液状化も多数発生した．前著を増補する必要性を強く感じたのは2005年の晩秋のころだった．その時点で，前著以降，新たに液状化を生じた地震の数は18件にのぼっていた．そんな折に当時著者が勤務していた（独）防災科学技術研究所川崎ラボラトリーが文部科学省の委託を受けて開発してきた震災総合シミュレーションシステムに実装するために，液状化履歴データをGISデータベース化する機会を得た．このため，それまで収集してきた液状化履歴データを基に系統立てて液状化の記録を収集・整理し，デジタイズする作業が始まった．

　まず，液状化が発生した位置を縮尺5万分の1地形図に手書きで記入し，これらの地形図をスキャニングして緯度・経度情報をもたせた液状化分布図の画像ファイルを作成した．次に，各液状化地点に，地点名，液状化を生じた地震の震源要素などの情報を付加し，液状化地点ごとに32項目の情報をもつ液状化履歴地点のGISデータを作成した．GIS化の作業は専門家に委託したものの，膨大な量の新しいタイプのデータベースの作成には1年以上を要した．

　このGISデータを広く社会に役立てていただくために，前述のシステムに実装するデータとは別に，一般の方が利用しやすい形で公開することを考え始めた．前著では5万分の1地形図幅ごとに液状化履歴地点をプロッティングした地図集としてまとめたが，今回は前著に収録した地点も合わせると，最終的には前著の4倍以上の1万6688地点に達した．紙媒体での出版は困難なため，pdfファイルでの地図集としてまとめることを考えた．幸い東京大学出版会からDVD-ROM付き書籍として刊行していただけることになった．しかし，データを後世に遺すに値する資料集として公開するためには，液状化が発生した位置や関連情報の確認・校正，地形図を背景図とした液状化履歴地点の分布図の編集などに，さらに膨大な労力と時間を要した．これは注意力と根気を要する大変辛い作業であったが，多くの方々の励ましとご支援のもとに5年の歳月をかけてようやく本書の出版にこぎ着けることができた．本書がわが国の地震防災に資することを念じている．

　本書上梓にあたり，まず，液状化履歴地点のGISデータベース化を行う機会を与えていただき，業務に多大なご理解とご支援をいただいた（独）防災科学技術研究所川崎ラボラトリーの後藤洋三所長（当時）に心から感謝の意を表します．

　また，東北学院大学の吉田 望教授には，解説書原稿を何度も精読していただき貴重なご助言をいただいた．また付属DVD-ROMのコンテンツについても有益なご助言やファイル処理に関して多大なご支援をいただいた．（独）産業技術総合研究所の松岡昌志博士には，QuakeMapによる計測震度相当値のGISデータをご提供いただき，本書に合わせて加工していただいた．また，GISデータ化に関して種々のご助言・ご教示をいただいた．以上のお二人のご厚情に心から御礼申し上げます．

気象庁地震津波監視課の各位には，推計震度分布データをご提供いただくにあたりお世話になった．液状化履歴地点の整理と地形図への記入には，堀田浩司氏のご協力を得た．デジタイズ作業は，応用地質（株）空間情報システム部に実施していただいた．同社の佐々木達哉氏，下山奈緒氏，津野洋美氏には，度重なる多数のデータの修正に業務を越えて快く応じていただいた．（株）パスコの梅山 浩氏には，Shapefile形式のGISデータをチェックしていただいた．また，東京大学出版会の小松美加氏には，本書の出版企画から完成にいたるまで多大なご尽力をいただいた．本書の編集印刷には，大日本印刷（株）と（株）DNPデジタルコムのスタッフのご尽力を得た．以上の皆様のご支援と協力に対して，深く感謝いたします．

　最後に，本書に収録した1万6688件の液状化履歴地点の原典の著者各位，とりわけ詳細な調査資料をご提供下さった方々ならびに口絵写真をご提供下さった方々に心から御礼申し上げます．

　本書に収録した液状化履歴地点のGISデータは，文部科学省大都市大震災軽減化プロジェクトⅢ-1「震災総合シミュレーションシステムの開発」の一環として整備した．また，本書の編集には，関東学院大学工学会2008年度研究補助費を使用させていただいた．記して謝意を表します．

2011年1月17日阪神・淡路大震災の記念日に

若松 加寿江

目次

口絵—液状化による被害例　iii

はしがき　xi

本書の概要　1

日本の液状化履歴マップ 745-2008 の索引図　2

第 1 部　解説　3

1. 液状化現象とは　3
2. 対象とした地震　5
3. 調査方法と液状化の認定　5
4. 液状化を生じた地震　6
5. 液状化履歴地点の分布　12
6. わが国における液状化発生の特徴　18
   6.1　地域ごとの液状化地点の分布の特徴　18
   6.2　液状化発生の反復性（再液状化）　23
   6.3　液状化発生と気象庁震度階級の関係　28
   6.4　地震マグニチュードと液状化が発生する限界震央距離の関係　31
   6.5　液状化が起きやすい土地　39
7. 液状化と地名　41
   7.1　地下水が浅いことを示す地名　41
   7.2　若齢な地盤であることを示す地名　43
   7.3　砂質地盤または地下水位が浅い砂質地盤であることを示す地名　44
8. 2009 年 8 月の駿河湾の地震による液状化　45
   第 1 部の参考文献　46

第 2 部　ユーザーズマニュアル　49

1. はじめに　49
   1.1　「日本の液状化履歴マップ 745-2008」の DVD の特長　49
   1.2　動作環境　49
   1.3　著作権および免責事項　50
2. 液状化履歴地点のマップの見方　51
   2.1　液状化履歴地点の詳細マップ（DVD-ROM Part 1）　51
   2.2　液状化履歴地点の地方別マップ（DVD-ROM Part 2）　55
3. 液状化履歴地点のカタログ（DVD-ROM Part 3）　55

4. 液状化履歴地点の出典（DVD-ROM Part 4） 58

5. 液状化履歴地点の GIS データ（DVD-ROM Part 5） 59

  5.1　GIS データ化作業の流れ　59

  5.2　収録されている GIS データ　59

  5.3　属性情報　60

  5.4　GIS データ利用上の留意点　60

  第 2 部の参考文献　62

English Abstract—Maps for Historic Liquefaction Sites in Japan, 745-2008　63

Manual for DVD-ROM　67

● DVD-ROM

Part 1　液状化履歴地点の詳細マップ（pdf ファイル）

Part 2　液状化履歴地点の地方別マップ（pdf ファイル）

Part 3　液状化履歴地点のカタログ（pdf ファイル）

Part 4　液状化履歴地点の出典（pdf ファイル）

Part 5　液状化履歴地点の GIS データ

  1) MapInfo ファイル

  2) Shape ファイル

  3) Kml ファイル

CONTENTS

Photos of liquefaction-induced damage iii

Preface xi

Summary 1

Index map for historic liquefaction sites in Japan, 745-2008 2

Part 1 The liquefaction history of Japan 3

   1. What is liquefaction during an earthquake? 3

   2. Earthquakes investigated 5

   3. Identification of liquefaction occurrences 5

   4. Earthquakes that caused liquefaction 6

   5. Distribution of liquefied sites 12

   6. Features of historical liquefaction occurrences in Japan 18

      6.1 Characteristics and distribution of liquefied sites in major regions 18

      6.2 Recurrences of liquefaction at the same sites 23

      6.3 Relationship between liquefaction occurrence and J.M.A. Intensity Scale 28

      6.4 Relationship between earthquake magnitude and longest epicentral distance to a liquefied site 31

      6.5 Potential areas of liquefaction in future earthquakes 39

   7. Ground condition-related place names of past liquefied sites 41

      7.1 Place names indicating high water level 41

      7.2 Place names indicating young deposits 43

      7.3 Place names indicating sandy ground with high water level 44

   8. Liquefaction during the August 2009 Suruga Bay earthquake 45

   References 46

Part 2 User's manual 49

   1. Introduction 49

      1.1 Summary 49

      1.2 Hardware requirements 49

      1.3 Copyright and disclaimer 50

   2. Instructions and directions for using liquefaction maps 51

      2.1 Detailed liquefaction maps on 1:50,000-scale topographical grid 51

      2.2 Local liquefaction maps on 1:200,000-scale topographical grid 55

   3. Catalog of historical liquefied sites in Japan 55

   4. References for liquefaction occurrences 58

   5. GIS data of liquefied sites 59

      5.1 Workflow for compiling GIS database of liquefied sites 59

      5.2 GIS data files included on DVD-ROM 59

  5.3 Attributes of the database 60

  5.4 Usage note for GIS database 60

 References 62

DVD-ROM

Part 1 Detailed liquefaction maps

Part 2 Local liquefaction maps

Part 3 Catalog of liquefied sites

Part 4 References for liquefaction occurrence

Part 5 GIS data of liquefied sites

 1) MapInfo file

 2) Shapefile

 3) Kml file for Google Earth

本書の概要

　本書はわが国の有史以来の地盤の液状化履歴データを集大成したものであり，西暦416年～2008年に発生した150地震による液状化履歴1万6688件のデータを収録している．液状化を生じたと推定される最も古い地震は，西暦745年6月5日の岐阜県南部を襲った地震であり，最新の地震は2008年6月14日に発生した岩手・宮城内陸地震である．1991年に著者が上梓した『日本の地盤液状化履歴図』[1,2]（以下では，前著と呼ぶ）に収録されている地震は，1987年までの123地震で，液状化地点の数は約4000地点であった．本書では，27件の地震と約1万2700件の液状化データが前著のデータに追加収録されている．

　本解説書には，液状化履歴点に関する解説，ユーザーズマニュアルが，付属DVD-ROMには，縮尺5万分の1地形図単位の液状化履歴地点の詳細マップ，液状化履歴地点の地方別マップ，液状化履歴地点のカタログとその出典一覧，およびGIS（地理情報システム）データが収録されている．

　本解説書第1部では，液状化履歴地点の分布図やGISデータを適切に利用していただくために，液状化履歴調査の目的と意義，調査方法，液状化発生の認定基準などを記し，さらに，わが国における液状化発生の特徴を概観する解説を行っている．

　本解説書第2部ユーザーズマニュアルでは，DVD-ROMに収録されている液状化履歴データの内容，検索方法，履歴図やカタログの見方，およびGISデータのファイル形式と属性情報など，液状化履歴データの利用方法に関する解説を行っている．

　付属DVD-ROMのPart 1には，本書に収録されている液状化履歴1万6688件のうち，その発生位置が判明した1万6563地点の分布を，5万分の1地形図画像371面を背景図とした分布図のpdfファイルとして収録している．

　付属DVD-ROMのPart 2には，液状化の履歴が多い全国17地域について，20万分の1地勢図を背景図とした地域別の液状化履歴地点の分布図をpdfファイルとして収録している．

　Part 3には，本書に掲載した全1万6688件の液状化履歴地点のカタログとして，液状化が発生した地点の地点名（市町村名），重心の緯度・経度，収録されている5万分の1地形図名，出典番号，液状化を生じた地震の発生年月日・震源要素などの32の項目の一覧表をpdfファイルで収録している．

　Part 4には，上記の液状化履歴地点全1万6688件の液状化履歴の出典の一覧表をpdfファイルで収録している．出典の文献の数は合計483である．

　Part 5には，Part 3の液状化履歴地点に関するGISデータをMapInfo社のMapInfo TAB形式，ESRI社のShape File形式，Google社のkmlファイルで収録している．ただし，これらのデータを利用するためのソフトウェアおよび背景図の地形図画像データは含まれていない．

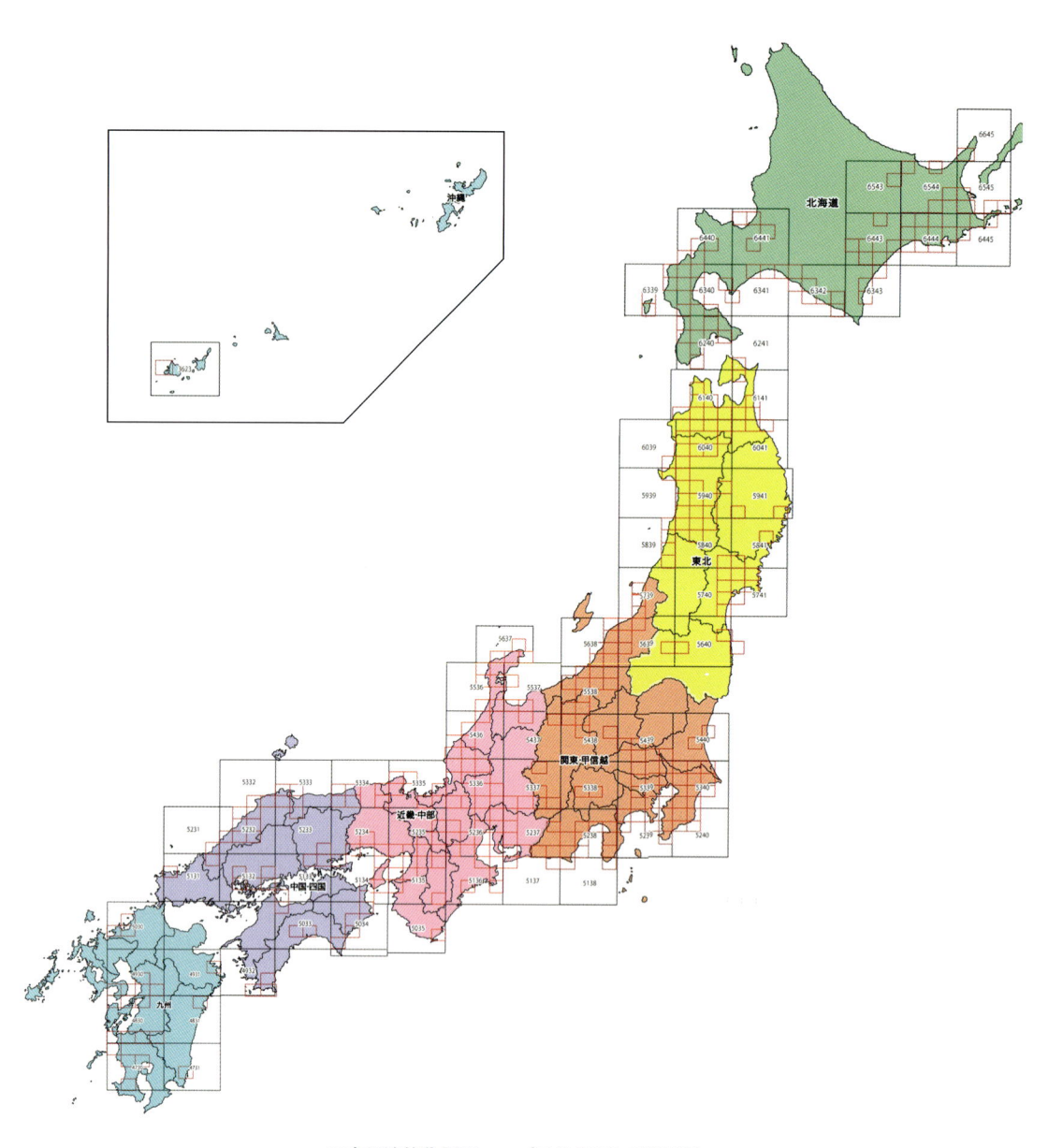

日本の液状化履歴マップ 745-2008 の索引図
Index Map for Historic Liquefaction Sites in Japan, 745-2008

第1部
解説

1. 液状化現象とは

　液状化現象は，地下水位が浅く（高く）緩い砂質地盤で起こる現象である．図1.1は，液状化前後の地中の砂の粒子の状態を拡大して模式的に表したものである．図の①〜④では，土粒子の大きさや数，地盤全体の体積は変わらず，また土粒子の間のすきまは地下水で満たされているとする．①は砂粒がかみ合って骨格構造を形成しており，物を支える力，すなわち支持力を発揮している（地盤は固体）．ところが，地震の揺れのような繰り返しせん断を受けると，砂粒間のかみ合わせが一時的に外れて，③のように地下水の中に砂の粒子が浮いた状態になり，支持力を発揮できなくなる．このとき地下水が砂粒の代わりに外力（土や，地盤が支持している構造物の重さ）を受けもつため，間隙水圧（粒子の間にある水の水圧）が大きくなる．地震後，周辺の水が土要素から排出されると，水中に漂っていた砂粒は図1.1の④のように沈降し，再び新しい骨格が形成され，支持力を発揮するようになる．

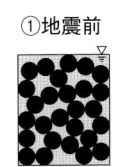

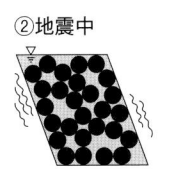

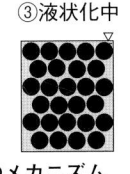

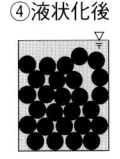

図1.1　液状化のメカニズム
Fig. 1.1 Mechanism of soil liquefaction

　地盤が液状化すると，高まった間隙水圧は地表に向かって抜けようとする．この際，地盤の弱いところを通って砂を含んだ地下水が噴水のように噴き上がることが多い．噴き上がる高さは，数十cmから，ときには電柱の高さぐらいまで及ぶ（口絵写真1, 2）．地下水は，地表に穴を開けて噴き上がったり，地割れから噴き出す（口絵写真3〜6）．噴き出した地下水によって周辺は洪水のようになることもある（口絵写真7, 8）．噴砂・噴水がおさまった後，地盤の一部は締め固まるため，地面が沈下したり，波打ったように部分的に沈下する（口絵写真9, 10）．
　地盤が液状化すると，以下のような構造物への影響が現れる．地盤の支持力が低下・喪失するため，建物など重いものは沈む（口絵写真11〜16）．地盤が一時的に泥水となるため，地中に埋設されたマンホールやガソリンスタンドの地下タンクのように，泥水よりみかけの比重の軽い中空の構造物は浮き上がる（口絵写真17, 18）．堤防などの土構造物の下部で液状化が発生すると，堤防に沈下，流出，すべりなどを生ずる（口絵写真19, 20）．護岸や擁壁などの背

後地盤が液状化すると，構造物にかかる土圧が増すため，土圧がかからない方へはらみ出し，その背後が沈下する（口絵写真21）．護岸の基礎地盤が液状化すると，護岸が海や川の方向に傾斜・移動し，それによって落橋したり，背後地盤に大きな地割れや沈下を生じることもある（口絵写真22, 23）．

また，緩やかに傾斜した土地が広範囲に液状化すると，液状化した地層に載った表層地盤が高い方から低い方に向かって動き出し，移動量が数mに及ぶこともある．このような現象は地面の勾配が0.5〜2.5％のわずかな高低差でも起こり，いろいろな構造物に影響を及ぼす（口絵写真24〜27）．

液状化により構造物が甚大な被害を受けることが認識され，わが国内外で広く研究が行われる契機となったのは，1964年3月に米国で発生したアラスカ地震と，同年6月16日に発生した新潟地震である．新潟市には地震当時1530棟の鉄筋コンクリート造の建物があり，その22％にあたる340棟が被害を受けた．そのうち，151棟は基礎構造と上部構造の両方に何らかの損傷が認められたが，残りの189棟は上部構造にまったく被害を受けず，建物の支持地盤が液状化したことにより沈下・傾斜した[3]．最も甚だしい被害例の一つが，口絵写真11で紹介した川岸町の県営アパートである．アラスカ地震では新潟のようにビルが軒並み大きく傾くといった被害は見られなかったが，アンカレッジ市をはじめとする各地で傾斜地盤中の砂の薄層やレンズ状の砂層が液状化して地盤がすべり，大崩壊した．

1964年以前にも，理論上このような「液状化」現象が起こり得るということはわかっていたし，簡単な装置で液状化を起こし，砂の表面に載った物体が沈んでいくという実験も一部では行われていた[4]．しかし，このような現象が実際の地震のときに市街地で広範囲に起こり，建物をはじめ様々な構造物に大被害を与えるとは専門家も予期していなかった．

この地震を契機に1964年以前の震災資料を調べてみると，液状化現象は，「砂や水を噴き出す」などという言葉で記述されていたことがわかった[5,6]．本書に収められている液状化の履歴データの大部分は，このような文献中の噴砂・噴水の記述に基づいている．

液状化が発生する条件として，一般に以下の3つがあげられている．
(1) 主に砂で構成され，緩く堆積した地層（堆積後，年月を経過していない若い地層）
(2) 地下水以下の地層（地下水位が浅い土地）
(3) 地震動が大きい（地震の揺れが強い）

上記（1）のほか，粘性が弱い（塑性的な性質の強い）シルト地盤や，緩く堆積した礫地盤などでも，液状化が発生することが稀にある．

わが国には，上記のような液状化災害の素因となる地下水位が浅く緩く堆積した砂質地盤が多く存在する．また，都市化の進展とともに盛土地盤や埋立地が急増している．盛土や埋立て材料は一般に砂質土が用いられるため液状化しやすいので，液状化の危険性がある国土が年々増加しているといえる．

前述のように，液状化に関する研究の歴史は比較的浅いが，1964年の新潟地震とアラスカ地震を契機として，主として地盤工学分野で精力的に行われてきている．すなわち，液状化のメカニズムの解明，発生要因に関する研究，予測方法と対策工法の開発が行われてきた．その結果，現在では，主要な構造物（たとえば，建築物，道路，港湾，鉄道，電力，水道，下水道，

ガス，共同溝，地下貯油施設，LNG 地下式貯槽）の耐震設計指針類には，液状化発生の可能性の予測（液状化判定）および液状化地盤の設計上の取り扱い方法が記載されている．

液状化の発生を予測する手法に関しては，簡易な方法から詳細な解析手法まで多数提案され，実務に用いられている．しかし，一方では過去の液状化の履歴の有無を確認することも重視されている．これは，6.2 でも述べるように，液状化が過去に発生した地盤は，次の大地震で再び液状化する可能性がきわめて高いと考えられているためである．

2. 対象とした地震

わが国には，古くから地震に関する多くの記録が残されている．これまでに確認されている最も古い記録は，西暦 416 年 8 月 23 日の地震で，『日本書紀』に，「雄朝津間稚子宿禰天皇五年秋七月丙千朔巳丑，地震」とある．著者が液状化調査の対象とした地震は，上記の 416 年の地震から 2008 年までの約 1600 年間に起こった被害地震である．その数は約 1000 地震以上に及んでいる．このうち，2001 年までの地震は，すべて宇佐美龍夫著『最新版日本被害地震総覧［416］-2001』[7]に採録されている．地震や被害の概要についてはこの書を参照されたい．

3. 調査方法と液状化の認定

わが国で地震観測が開始されたのは，内務省地理寮量地課に東京気象台が設置された 1875 年（明治 8 年）のことである[8]．1885 年（明治 18 年）1 月の地震から，被害の報告が東京気象台（1887 年に中央気象台に改称，1956 年気象庁となる）発行の年報『地震報告』に掲載されるようになった[9]．著者の知る限り，この『地震報告』が，わが国における最初の科学的調査に基づく被害報告である．それ以前にも科学的視点から書かれた資料は多数あるが，これらは，正史，地誌，藩や家の年譜，手紙，日記，随筆，かわら版，過去帳，覚・届などの形で残されている．本書では 1884 年以前に発生した地震を歴史地震と呼ぶことにする．

液状化の調査に際し，著者は上記の古文書を直接読んではいない．これらの史料を集大成した『増訂大日本地震史料』[10]，『日本地震史料』[11]，『新収日本地震史料』[12]などを利用した．

1885 年以降の地震については，学術文献をはじめとして，地震被害に関する各種紙媒体の資料，電子ファイル，web コンテンツなどの情報を収集した．著者自身が地震体験者に聞き取り調査を行った結果や，地震直後に撮影された航空写真による情報も本書には収録している．ただし，組織的に情報収集を行ったわけではなく，個人的に行った調査のため，収集漏れは多数あることをお断りしておきたい．

液状化の判定は，噴砂，噴水，噴泥，地中構造物の浮き上がりのみに限定し，これらを伴わない沈下などの地盤変状や，文献中で「建物が液状化により沈下」などと記載されているのみで噴砂等の発生が報告されていないものについては，液状化とみなしていない．

噴砂等が発生した地点や領域が文献中の図などで正確に示されている場合は，付録 DVD-ROM Part 1 の「液状化履歴地点の詳細マップ」の地図上に，地点ないし領域で表示している．しかし，大部分の液状化地点に関しては，地震被害記録中の地名を手がかりにして場所を特定

し，液状化履歴地点の分布図に○や△などの記号でおよその位置をプロットした．このため，実際の正確な液状化地点とは異なる場合が少なくないことに留意する必要がある．

最近の地震に関しては，航空写真判読による液状化調査も実施されている．著者の写真判読の経験では，グラウンド・道路等における敷き砂，水田に捨てられた稲藁，雨水等による局所的な湛水，収穫直後で耕作面が荒れている水田などは，液状化の痕跡として誤判読される場合がきわめて多い．そこで，著者自身が実施した2004年新潟県中越地震の写真判読では，現地踏査で噴砂を確認した箇所を除いて，噴砂孔や地割れなど，噴砂の供給源が写真上で確認できた箇所のみを液状化地点とみなした．著者以外が実施した写真判読による液状化調査に関しては，噴砂が発生したとされる領域であっても，地盤被害に関する複数の文献で噴砂がまったく報告されていない地域は，航空写真の誤判読の可能性もあるため，液状化発生地点から除外した．

近年，遺跡などの発掘調査の際に液状化による砂脈（液状化した砂が移動した経路に液状化砂が充填されているもの）が全国各地で発見されている[13]．この砂脈も液状化の発生を裏付ける証拠の一つではあるが，液状化を生じた地震を正確に同定できない場合も多いことから，これらは本書の液状化発生地点には含めていない．

4. 液状化を生じた地震

西暦416年から2008年の間に液状化と考えられる現象が確認された地震の数は，合計150地震である．そのうち，1884年以前の歴史地震が60地震，1885年以降の地震が90地震である．調査対象とした被害地震の数が約1000個であるから，約15%の地震で液状化が起きたことになる．

表1.1に液状化を生じた記録がある地震の一覧表を示す．また，図1.2と図1.3に表1.1の地震の震央分布を示す．震源要素（地震のマグニチュード，震央位置，震源深さ），被害地域（または震央地名）は，No.1～No.86の地震は，宇佐美[7]によっている．No.87（1923年関東地震）以降の地震の震源要素等は，気象庁[14]によっている．

本震の前後に起きた前震や余震で液状化が発生したことが具体的に記録されている場合もあるが，大部分は不明確である．このため本書では，表1.1中，No.65，No.66，No.68の3件の濃尾地震余震とNo.128の日本海中部地震の余震を除いて，本震によって液状化が発生したとみなしている．

液状化が発生したと推定される最も古い地震は，西暦745年（天平17年）6月5日に美濃（現在の岐阜県）を襲った地震で，「摂津國地震フ，中略，往々拆裂，水泉涌出」（続日本書紀）[10]とあり，摂津（現在の大阪府北西部と兵庫県南東部）のあちこちで地割れができ，水が湧出したとの意味である．この「水泉涌出」が果たして液状化によるものか否か断定はできないが，液状化発生を示唆する記録として表1.1に掲げた．表1.1の歴史地震の中には，同様な記述を手がかりにしたものがいくつかあるが，液状化とみなすか否かの最終的な判断は，液状化履歴データの利用目的に応じて読者に委ねたい．

本書に液状化履歴地点が収録されている最新の地震は，2008年6月14日に発生した平成20年（2008年）岩手・宮城内陸地震である．

表 1.1 液状化を生じた記録がある地震（745～2008 年）
Table 1.1 Earthquakes which Induced Liquefaction from 745 to 2008

No.	発生年月日	和暦	地震マグニチュード*1	震央緯度(N°)*2	震央経度(E°)*2	震源深さ(km)*3	地震名*4	被害地域・震央地名
1	745 年 6 月 5 日	天平 17 年	≒7.9	35.2	136.6	—		美濃
2	850 年（月日不詳）	嘉祥 3 年	≒7.0	39.0	139.7	—		出羽
3	863 年 7 月 10 日	貞観 5 年		—	—	—		越中・越後
4	1185 年 8 月 13 日	元暦 2 年	≒7.4	35.0	135.8	—		近江・山城・大和
5	1257 年 10 月 9 日	正嘉 1 年	7.0～7.45	35.2	139.5	—		関東南部
6	1449 年 5 月 13 日	文安 6 年	5¾～6.5	35.0	135.75	—		山城・大和
7	1498 年 7 月 9 日	明応 7 年	7.0～7.5	33.0	132.25	—		日向灘
8	1586 年 1 月 18 日	天正 13 年	7.8±0.1	35.6	136.8	—		畿内・東海・東山・北陸諸道
9	1596 年 9 月 1 日	文禄 5 年	7.0±¼	33.3	131.6	—		豊後
10	1596 年 9 月 5 日	文禄 5 年	7½±¼	34.8	135.4	—		畿内および近隣
11	1605 年 2 月 3 日	慶長 9 年	7.9	33.5	138.5	—	慶長地震	東海・南海・西海諸道
12	1633 年 3 月 1 日	寛永 10 年	7.0±¼	35.2	139.2	—		相模・駿河・伊豆
13	1644 年 10 月 18 日	寛永 21 年	6.5±¼	39.4	140.0	—		羽後本荘
14	1662 年 6 月 16 日	寛文 2 年	7¼～7.6	35.3	135.9	—		山城・大和・河内・和泉・摂津・丹後・若狭・近江・美濃・伊勢・駿河・三河・信濃
15	1666 年 2 月 1 日	寛文 5 年	≒6¾	37.1	138.2	—		越後西部
16	1685 年 10 月 7 日	貞享 2 年		—	—	—		周防・長門
17	1694 年 6 月 19 日	元禄 7 年	7.0	40.2	140.1	—		能代地方
18	1694 年 12 月 12 日	元禄 7 年		—	—	—		丹後
19	1703 年 12 月 31 日	元禄 16 年	7.9～8.2	34.7	139.8	—	元禄地震	江戸・関東諸国
20	1704 年 5 月 27 日	宝永 1 年	7.0±¼	40.4	140.0	—		羽後・津軽
21	1707 年 10 月 28 日	宝永 4 年	8.6	33.2	135.9	—	宝永地震	五畿七道
22	1717 年 5 月 13 日	亨保 2 年	≒7.5	38.5	142.5	—		仙台・花巻
23	1717 年（月日不詳）	亨保 2 年	≒6¼	36.5	136.5	—		金沢・小松
24	1723 年 12 月 19 日	亨保 8 年	6.5±¼	32.9	130.6	—		肥後・豊後・筑後
25	1729 年 3 月 8 日	亨保 14 年		—	—	—		伊豆
26	1734 年（月日不詳）	亨保 19 年		—	—	—		岡山県御津郡
27	1738 年 1 月 3 日	元文 2 年	≒5½	37.0	138.7	—		中魚沼郡
28	1751 年 3 月 26 日	寛延 4 年	5.5～6.0	35.0	135.8	—		京都
29	1751 年 5 月 21 日	寛延 4 年	7.0～7.4	37.1	138.2	—		越後
30	1762 年 10 月 31 日	宝暦 12 年	≒7.0	38.1	138.7	—		佐渡
31	1766 年 3 月 8 日	明和 3 年	7¼±¼	40.7	140.5	—		津軽
32	1769 年 8 月 29 日	明和 6 年	7¾±¼	33.0	132.1	—		日向・豊後
33	1774 年 6 月 11 日	安永 3 年		—	—	—		陸中
34	1782 年 8 月 23 日	天明 2 年	≒7.0	35.4	139.1	—		相模・武蔵・甲斐
35	1792 年 5 月 21 日	寛政 4 年	6.4±0.2	32.8	130.3	—		雲仙岳
36	1793 年 2 月 8 日	寛政 4 年	6.9～7.1	40.85	139.95	—		西津軽
37	1799 年 6 月 29 日	寛政 11 年	6.0±¼	36.6	136.7	—		加賀
38	1802 年 11 月 18 日	享和 2 年	6.5～7.0	35.2	136.5	—		畿内・名古屋
39	1804 年 7 月 10 日	文化 1 年	7.0±0.1	39.05	139.95	—	象潟地震	羽前・羽後
40	1810 年 9 月 25 日	文化 7 年	6.5±¼	39.9	139.9	—		羽後
41	1819 年 8 月 2 日	文政 2 年	7¼±¼	35.2	136.3	—		伊勢・美濃・近江

42	1828年12月18日	文政11年	6.9	37.6	138.9	—		越後
43	1830年8月19日	文政13年	6.5±0.2	35.1	135.6	—		京都および隣国
44	1831年11月13日	天保2年		—	—	—		会津
45	1833年12月7日	天保4年	7½±¼	38.9	139.25	—		羽前・羽後・越後・佐渡
46	1834年2月9日	天保5年	≈6.4	43.3	141.4	—		石狩
47	1841年4月22日	天保12年	≈6¼	35.0	138.5	—		駿河
48	1843年4月25日	天保14年	≈7.5	42.0	146.0	—		釧路・根室
49	1847年5月8日	弘化4年	7.4	36.7	138.2	—	善光寺地震	信濃北部および越後西部
50	1847年5月13日	弘化4年	6½±¼	37.2	138.3	—		越後頸城郡
51	1854年7月9日	嘉永7年	7¼±¼	34.75	136.1	—		伊賀・伊勢・大和および隣国
52	1854年12月23日	嘉永7年	8.4	34.0	137.8	—	安政東海地震	東海・東山・南海諸道
53	1854年12月24日	嘉永7年	8.4	33.0	135.0	—	安政南海地震	畿内・東海・東山・北陸・南海・山陰・山陽道
54	1855年3月15日	安政2年		—	—	—		遠州・駿州
55	1855年11月7日	安政2年	7.0〜7.5	34.5	137.75	—		遠州灘
56	1855年11月11日	安政2年	7.0〜7.1	35.65	139.8	—	江戸地震	江戸および付近
57	1856年8月23日	安政3年	≈7.5	41.0	142.5	—		日高・胆振・渡島・津軽・南部
58	1858年4月9日	安政5年	7.0〜7.1	36.4	137.2	—		飛騨・越中・加賀・越前
59	1859年1月5日	安政5年	6.2±0.2	34.8	131.9	—		石見
60	1872年3月14日	明治5年	7.1±0.2	35.15	132.1	—	浜田地震	石見・出雲
61	1887年7月22日	明治20年	5.7	37.5	138.9	—		新潟県古志郡
62	1889年7月28日	明治22年	6.3	32.8	130.65	—		熊本
63	1890年1月7日	明治23年	6.2	36.45	137.95	—		犀川流域
64	1891年10月28日	明治24年	8.0	35.6	136.6	—	濃尾地震	愛知県・岐阜県
65	1892年1月3日	明治25年	5.5	35.3	137.1	—	(濃尾地震余震)	愛知県春日井郡
66	1892年9月7日	明治25年	6.1	35.7	137.0	—	(濃尾地震余震)	岐阜県山県郡
67	1893年9月7日	明治26年	5.3	31.4	130.5	—		知覧
68	1894年1月10日	明治27年	6.3	35.4	136.7	—	(濃尾地震余震)	岐阜県安八郡,愛知県葉栗郡・丹羽郡
69	1894年6月20日	明治27年	7.0	35.7	139.8	—		東京湾北部
70	1894年10月22日	明治27年	7.0	38.9	139.9	—	庄内地震	庄内平野
71	1895年1月18日	明治28年	7.2	36.1	140.4	—		霞ヶ浦付近
72	1896年8月31日	明治29年	7.2±0.2	39.5	140.7	—	陸羽地震	秋田・岩手県境
73	1897年1月17日	明治30年	5.2	36.65	138.25	—		長野県北部
74	1897年2月20日	明治30年	7.4	38.1	141.9	—		仙台沖
75	1898年4月3日	明治31年	6.2	34.6	131.2	—		山口県見島
76	1898年4月23日	明治31年	7.2	38.6	142.0	—		宮城県沖
77	1898年5月26日	明治31年	6.1	37.0	138.9	—		新潟県六日町付近
78	1898年8月10日	明治31年	6.0	33.6	130.2	—		福岡市付近
79	1898年9月1日	明治31年	7	24.5	124.75	—		八重山群島
80	1899年3月7日	明治32年	7.0	34.1	136.1	—		紀伊半島南東部
81	1901年8月9日	明治34年	7.2	40.5	142.5	—		青森県東方沖
82	1904年5月8日	明治37年	6.1	37.1	138.9	—		新潟県六日町付近

No.	日付	年号	M	緯度	経度	深さ	地震名	地域
83	1905年6月2日	明治38年	7.2	34.1	132.5	—	芸予地震	安芸灘
84	1909年8月14日	明治42年	6.8	35.4	136.3	—	江濃(姉川)地震	滋賀県姉川付近
85	1914年3月15日	大正3年	7.1	39.5	140.4	—	秋田仙北地震	秋田県仙北郡
86	1922年12月8日	大正11年	6.9	32.7	130.1	—		千々石湾
87	1923年9月1日	大正12年	7.9	35.331167	139.135667	23.00	関東大地震	関東南部
88	1925年5月23日	大正14年	6.8	35.563333	134.834833	0.00	北但馬地震	但馬北部
89	1925年7月4日	大正14年	5.7	35.354333	133.420500	0.00		美保湾
90	1927年3月7日	昭和2年	7.3	35.631833	134.930667	18.19	北丹後地震	京都府北西部
91	1927年8月6日	昭和2年	6.7	37.905667	142.168833	25.00		宮城県沖
92	1927年10月27日	昭和2年	5.2	37.500000	138.849500	0.00	関原地震	新潟県中部
93	1930年10月17日	昭和5年	6.3	36.425833	136.257833	10.00		大聖寺付近
94	1930年11月26日	昭和5年	7.3	35.043000	138.973667	5.90	北伊豆地震	伊豆北部
95	1931年9月21日	昭和6年	6.9	36.158333	139.247500	3.03	西埼玉地震	埼玉県中部
96	1933年9月21日	昭和8年	6.0	37.077333	136.954333	20.18		能登半島
97	1935年7月11日	昭和10年	6.4	35.024333	138.394167	10.14	静岡地震	静岡市付近
98	1936年2月21日	昭和11年	6.4	34.522333	135.693833	18.33	河内大和地震	大和・河内
99	1936年11月3日	昭和11年	7.5	38.263000	142.061833	61.00		金華山沖
100	1939年5月1日	昭和14年	6.8	39.945833	139.786167	0.00	男鹿地震	男鹿半島
101	1941年7月15日	昭和16年	6.1	36.656667	138.193667	5.35		長野市付近
102	1943年3月4日	昭和18年	6.2	35.443167	134.104833	5.00		鳥取市付近
103	1943年9月10日	昭和18年	7.2	35.473167	134.184000	0.00	鳥取地震	鳥取付近
104	1944年12月7日	昭和19年	7.9	33.573333	136.175500	40.00	東南海地震	東海道沖
105	1945年1月13日	昭和20年	6.8	34.702667	137.114500	10.70	三河地震	愛知県南部
106	1946年12月21日	昭和21年	8.0	32.935167	135.848833	24.00	南海地震	南海道沖
107	1947年9月27日	昭和22年	7.4	24.700000	123.200000	96.00		石垣島北西沖
108	1948年6月28日	昭和23年	7.1	36.171833	136.290500	0.00	福井地震	福井平野
109	1952年3月4日	昭和27年	8.2	41.705667	144.151167	5.40	十勝沖地震	十勝沖
110	1952年3月7日	昭和27年	6.5	36.498167	136.147833	1.70	大聖寺沖地震	大聖寺沖
111	1955年7月27日	昭和30年	6.4	33.733333	134.316667	10.00		徳島県南部
112	1955年10月19日	昭和30年	5.9	40.266667	140.183333	0.00	二ッ井地震	米代川下流
113	1961年2月2日	昭和36年	5.2	37.448333	138.835000	0.00		長岡付近
114	1961年2月27日	昭和36年	7.0	31.645000	131.886667	37.00		日向灘
115	1962年4月23日	昭和37年	7.1	42.461667	143.766667	69.00		広尾沖
116	1962年4月30日	昭和37年	6.5	38.740000	141.138333	19.00	宮城県北部地震	宮城県北部
117	1964年5月7日	昭和39年	6.9	40.396667	138.668333	24.00		男鹿半島沖
118	1964年6月16日	昭和39年	7.5	38.370000	139.211667	34.10	新潟地震	新潟県沖
119	1968年2月21日	昭和43年	6.1	32.016667	130.716667	0.00	えびの地震	霧島山北麓
120	1968年4月1日	昭和43年	7.5	32.283333	132.533333	30.00	1968年日向灘地震	日向灘
121	1968年5月16日	昭和43年	7.9	40.733333	143.583333	0.00	1968年十勝沖地震	青森県東方沖
122	1973年6月17日	昭和48年	7.4	42.966667	145.950000	40.00	1973年6月17日根室半島沖地震	根室半島南東沖
123	1978年1月14日	昭和53年	7.0	34.766667	139.250000	0.00	伊豆大島近海地震	伊豆大島近海
124	1978年2月20日	昭和53年	6.7	38.750000	142.200000	50.00		宮城県沖
125	1978年6月12日	昭和53年	7.4	38.150000	142.166667	40.00	宮城県沖地震	宮城県沖
126	1982年3月21日	昭和57年	7.1	42.066667	142.600000	40.00		浦河沖
127	1983年5月26日	昭和58年	7.7	40.360000	139.073333	14.00	日本海中部地震	秋田県沖

128	1983年6月21日	昭和58年	7.1	41.265000	139.000000	45.00	（日本海中部地震余震）	青森県西方沖
129	1987年12月17日	昭和62年	6.7	35.375000	140.493333	57.90		千葉県東方沖
130	1993年1月15日	平成5年	7.5	42.920000	144.353333	100.60	平成5年（1993年）釧路沖地震	釧路沖
131	1993年2月7日	平成5年	6.6	37.656667	137.296667	24.80		能登半島沖
132	1993年7月12日	平成5年	7.8	42.781667	139.180000	35.10	平成5年（1993年）北海道南西沖地震	北海道南西沖
133	1994年10月4日	平成6年	8.2	43.375000	147.673333	28.00	平成6年（1994年）北海道東方沖地震	北海道東方沖
134	1994年12月28日	平成6年	7.6	40.430000	143.745000	0.00	平成6年（1994年）三陸はるか沖地震	三陸はるか沖
135	1995年1月17日	平成7年	7.3	34.598333	135.035000	16.06	平成7年（1995年）兵庫県南部地震	兵庫県南東沿岸
136	1997年3月26日	平成9年	6.6	31.972833	130.359000	11.85		鹿児島県北西部
137	1997年5月13日	平成9年	6.4	31.948333	130.302667	9.24		鹿児島県北西部
138	1999年2月26日	平成11年	5.3	39.155167	139.836833	20.65		秋田県沖
139	2000年10月6日	平成12年	7.3	35.274167	133.349000	8.96	平成12年（2000年）鳥取県西部地震	鳥取県西部
140	2001年3月24日	平成13年	6.7	34.132333	132.693667	46.46	平成13年（2001年）芸予地震	安芸灘
141	2003年5月26日	平成15年	7.1	38.821000	141.650667	72.03		宮城県沖
142	2003年7月26日	平成15年	6.4	38.405000	141.171000	11.87		宮城県北部
143	2003年9月26日	平成15年	8.0	41.778500	144.078500	45.07	平成15年（2003年）十勝沖地震	十勝沖
144	2004年10月23日	平成16年	6.8	37.292500	138.867167	13.08	平成16年（2004年）新潟県中越地震	新潟県中部
145	2004年11月29日	平成16年	7.1	42.946000	145.275500	48.17		釧路沖
146	2005年3月20日	平成17年	7.0	33.739167	130.176333	9.24		福岡県西方沖
147	2005年8月16日	平成17年	7.2	38.149500	142.277833	42.04		宮城県沖
148	2007年3月25日	平成19年	6.9	37.220667	136.686000	10.70	平成19年（2007年）能登半島地震	能登半島沖
149	2007年7月16日	平成19年	6.8	37.556833	138.609500	16.75	平成19年（2007年）新潟県中越沖地震	新潟県上中越沖
150	2008年6月14日	平成20年	7.2	39.029833	140.880667	7.77	平成20年（2008年）岩手・宮城内陸地震	岩手県内陸南部

*1：No.86地震までは宇佐美（2003）による．それ以降は気象庁（2010）による．
*2：No.86地震までは宇佐美（2003）による震央（旧日本測地系），No.87以降は気象庁（2010）による震央（世界測地系）を10進法表示に変換．
*3：気象庁（2010）による．
*4：宇佐美（2003）の地震名および気象庁命名の地震名．

1884～2008年までの125年間に，90地震で液状化が発生していることから，平均すると10年間に7回の割合でわが国のどこかで液状化が発生したことになる．液状化を生じた地震のうち，地震の規模を表すマグニチュードが最も小さいものは，1897年の長野県北部を震源とする地震と1927年の関原地震で，ともにマグニチュードは5.2である．最も大きい地震は，1707年10月28日の宝永地震のマグニチュード8.6である．この地震は300年以上前に発生した地震のため，噴砂・噴水の記録の数は少ないが，西は高知県から東は静岡県までの広い範囲で液状化と思われる現象が記録されており，近い将来発生すると考えられている東南海・南海地震での液状化発生範囲を推定する上で参考となる．

図1.2　液状化を生じた地震の震央とマグニチュード（745～1922年）
Fig. 1.2 Epicenters and magnitudes of earthquakes which Induced liquefaction from 745 to 1922

図 1.3 液状化を生じた地震の震央とマグニチュード（1923〜2008年）
Fig. 1.3 Epicenters and magnitudes of earthquakes which Induced liquefaction from 1923 to 2008

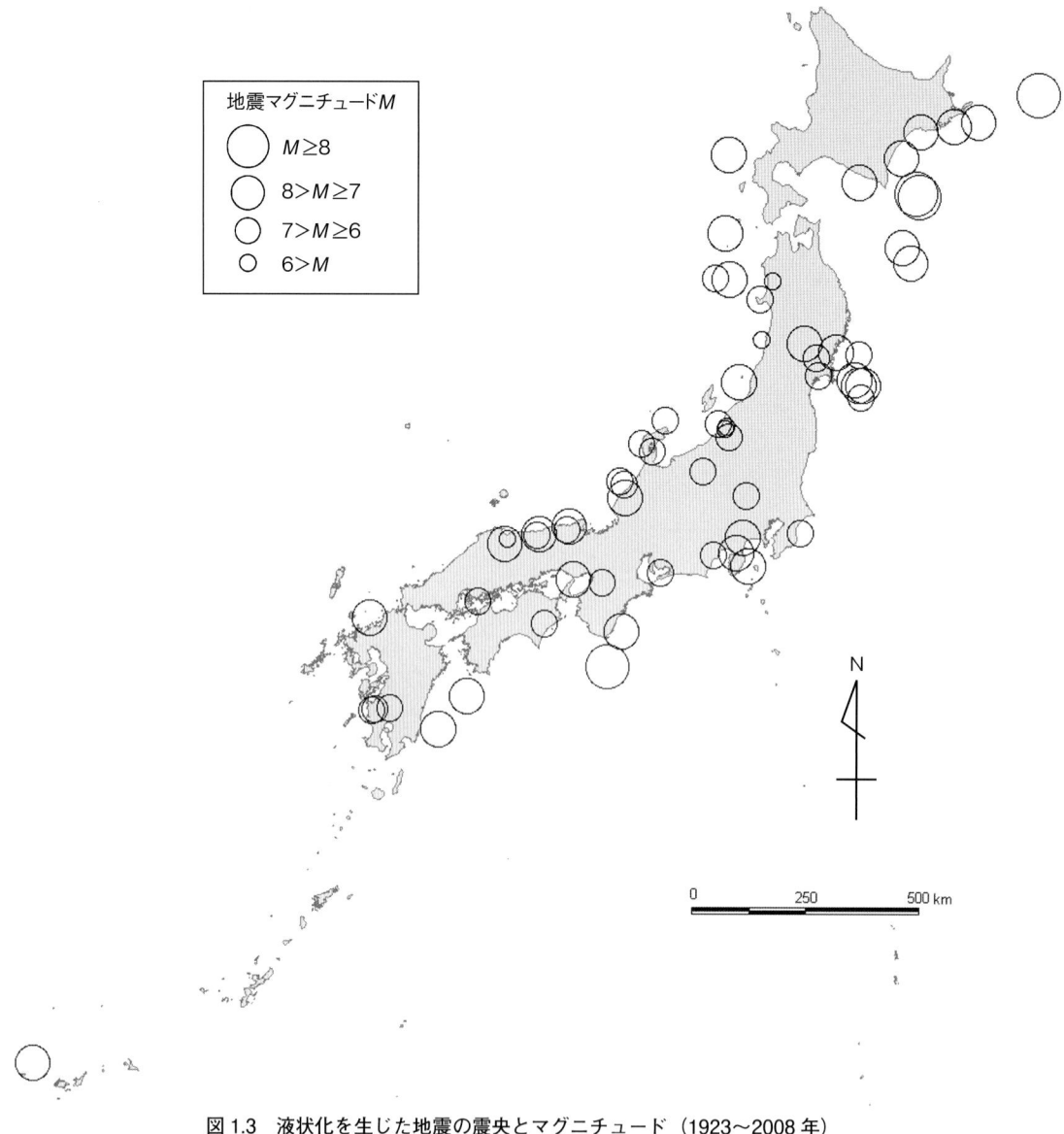

5. 液状化履歴地点の分布

　図 1.4 は，表 1.1 に掲げた地震によって液状化が発生したと推定される地点の分布である．小縮尺な図のため，詳細な分布はわかりにくいが，個々の地点のデータは GIS（地理情報システム）を用いて緯度経度で位置情報をもたせて登録されており，その数は合計 1 万 6563 地点である．このうち，約 4000 地点は前著『日本の地盤液状化履歴図』[1] と『日本の地盤液状化地点分布図』[2] に掲載されている 123 地震によるものであり，残りは新規に収集したものである．

　液状化発生地点は，関東平野や，愛知県と岐阜県にまたがる濃尾平野，新潟平野，山形県の庄内平野，秋田平野など，沖積低地が広く分布する地域に集中している．

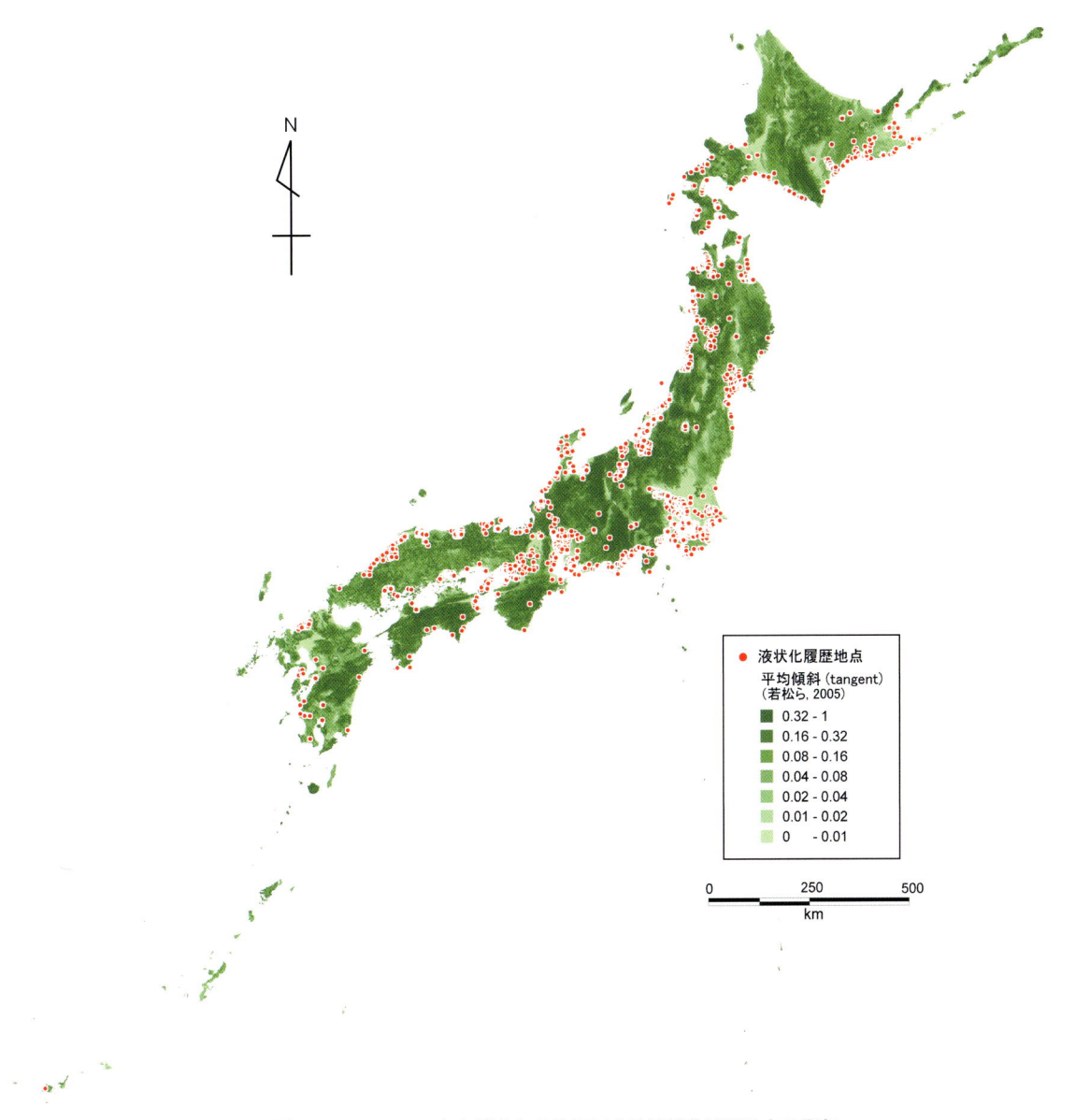

図 1.4 745～2008 年に発生した地震による液状化履歴地点の分布
Fig. 1.4 Distribution of liquefied sites during the earthquakes from 745 to 2008

　付属 DVD-ROM Part 1 には，上記の約 1 万 6500 カ所の液状化発生地点を，国土地理院発行の縮尺 5 万分の 1 地形図画像に詳細にプロットした分布図 371 面（表 1.2）を収録している．図 1.5 に一例として 5 万分の 1 地形図「柏崎」図幅を示す．各液状化地点の情報は，表 1.3 に示すような一覧表（詳細は Part 3）にまとめられている．

　図 1.6 に地震ごとの液状化地点数を示す．ここで，地点数とは，液状化の発生位置が特定でき，GIS データとして登録できた地点の数である．地点数が最も多い地震は，1995 年兵庫県南部地震で合計 8083 地点となっている．この地震では広域で強い地震動が観測されたことにより広範囲・高密度に液状化が発生したことに加えて，航空写真判読によって調査された噴砂の分布を，GIS でポリゴン（ある面積をもつデータ）として登録し，1 ポリゴンを 1 カ所と

表 1.2　5 万分の 1 地形図単位の液状化履歴地点分布図の一覧
Table 1.2 List of 1:50,000-scale topographic map-based detailed liquefaction distribution maps

地方名 (図幅数)	5万分の1地形図名
北海道 (73)	羅臼, 標津, 納沙布, 根室北部, 別海, 斜里, 女満別, 中標津, 磯分内, 北見, 根室南部, 厚床, 霧多布, 標茶, 鶴居, 徹別, 厚岸, 尾幌, 大楽毛, 阿寒, 床潭, 昆布森, 釧路, 白糠, 足寄太, 音別, 十勝池田, 帯広, 厚内, 浦幌, 糠内, 石狩, 小樽東部, 江別, 石山, 岩内, 島古丹, 歌棄, 寿都, 湧洞沼, 大樹, 広尾, 富川, 静内, 門別, 西舎, 三石, 東静内, 浦河, 鵡川, 苫小牧, 白老, 長万部, 伊達, 国縫, 今金, 室蘭, 八雲, 駒ヶ岳, 相沼, 狩場山, 瀬棚, 奥尻島北部, 奥尻島南部, 大畑, 大沼公園, 江差, 五稜郭, 函館, 木古内, 上ノ国, 知内, 渡島福島
東北 (63)	むつ, 平沼, 三沢, 七戸, 小泊, 油川, 金木, 青森東部, 青森西部, 五所川原, 鰺ヶ沢, 八戸東部, 八戸, 十和田, 黒石, 弘前, 十和田湖, 中浜, 大館, 鷹巣, 能代, 森岳, 羽後浜田, 大槌, 花巻, 五城目, 雫石, 太平山, 秋田, 角館, 刈和野, 羽後和田, 六郷, 大曲, 本荘, 船川, 盛, 若柳, 横手, 浅舞, 矢島, 湯沢, 岩ヶ崎, 象潟, 吹浦, 酒田, 鶴岡, 登米, 涌谷, 石巻, 松島, 塩竈, 古川, 吉岡, 仙台, 岩沼, 笹川, 村上, 中条, 大甕, 相馬中村, 磐梯山, 喜多方
関東甲信越 (89)	笹川, 村上, 中条, 新発田, 新潟, 新津, 加茂, 内野, 弥彦, 三条, 出雲崎, 長岡, 柏崎, 小千谷, 岡野町, 柿崎, 十日町, 松之山温泉, 高田東部, 高田西部, 飯山, 中野, 戸隠, ひたちなか, 石岡, 深谷, 高崎, 水海道, 鴻巣, 熊谷, 須坂, 長野, 榛名山, 上田, 大町, 潮来, 佐原, 龍ヶ崎, 八日市場, 成田, 佐倉, 木戸, 東金, 千葉, 茂原, 姉崎, 野田, 大宮, 川越, 東京東北部, 東京西北部, 青梅, 東京東南部, 東京西南部, 八王子, 木更津, 横浜, 藤沢, 甲府, 鰍沢, 木曽福島, 妻籠, 時又, 上総大原, 勝浦, 鴨川, 富津, 横須賀, 平塚, 小田原, 那古, 三崎, 熱海, 館山, 沼津, 吉原, 清水, 修善寺, 静岡, 家山, 下田, 住吉, 掛川, 佐久間, 磐田, 浜松, 神子元島, 御前崎, 掛塚
近畿・中部 (82)	珠洲岬, 能登飯田, 宝立山, 輪島, 小口瀬戸, 魚津, 富山, 穴水, 剱地, 七尾, 富来, 氷見, 石動, 津幡, 五百石, 金沢, 小松, 大聖寺, 三国, 永平寺, 福井, 中津川, 恵那, 美濃加茂, 荒島岳, 鯖江, 能郷白山, 冠山, 美濃, 谷汲, 岐阜, 大垣, 長浜, 竹生島, 冠島, 網野, 西津, 宮津, 小浜, 瀬戸, 豊田, 岡崎, 豊橋, 蒲郡, 名古屋北部, 津島, 名古屋南部, 桑名, 近江八幡, 半田, 四日市, 亀山, 水口, 師崎, 津東部, 上野, 京都東北部, 京都東南部, 京都西南部, 奈良, 大阪東北部, 大阪西北部, 神戸, 龍野, 高砂, 播州赤穂, 伊良湖岬, 松阪, 鳥羽, 波切, 長島, 桜井, 大阪東南部, 大阪西南部, 須磨, 和歌山, 釈迦ヶ岳, 明石, 洲本, 由良, 那智勝浦
中国・四国 (45)	城崎, 浜坂, 鳥取北部, 出石, 若桜, 鳥取南部, 美保関, 境港, 米子, 松江, 今市, 大社, 根雨, 岡山北部, 石見大田, 大浦, 三瓶山, 温泉津, 赤名, 川本, 浜田, 益田, 西大寺, 鳴門海峡, 徳島, 岡山南部, 玉島, 今治東部, 竹原, 広島, 三津, 呉, 厳島, 日原, 仙崎, 阿波富岡, 桜谷, 甲浦, 奈半利, 西条, 高知, いの, 土佐中村, 土佐清水, 柏島
九州・沖縄 (22)	津屋崎, 福岡, 前原, 臼杵, 玉名, 御船, 島原, 肥前小浜, 延岡, 八代, 三角, 口之津, 加久藤, 大口, 出水, 阿久根, お肥, 西方, 加治木, 川内, 加世田, 西表島西部

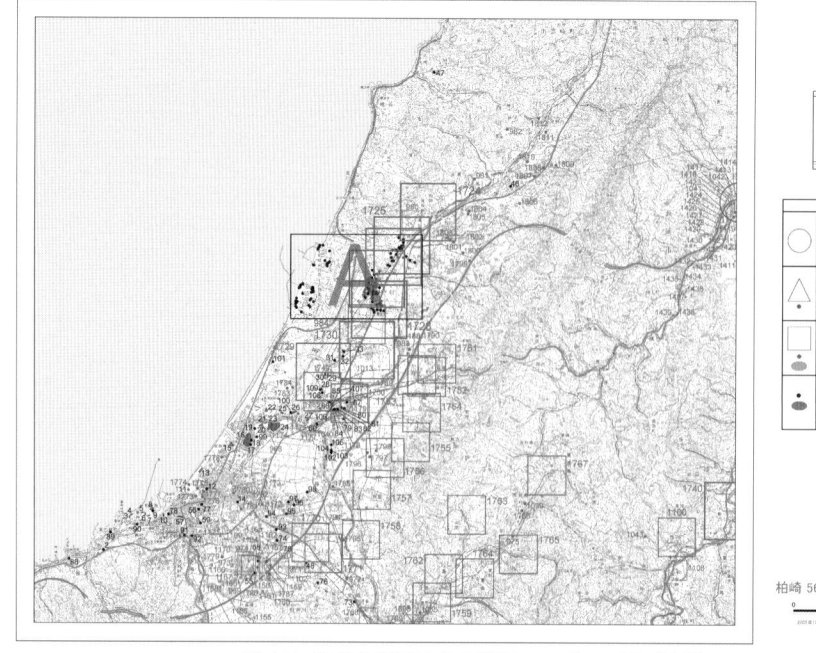

図 1.5　液状化履歴地点の詳細マップの一例（柏崎）
Fig. 1.5 Example of 1:50,000-scale topographic map-based detailed liquefaction map (map for Kashiwazaki)

表 1.3 各液状化地点に関する情報の一覧表（2007年新潟県中越沖地震の例）
Table 1.3 Information included in the liquefaction database

地点番号	地点名	重心経度(世界測地系)	重心緯度(世界測地系)	文献番号	5万分の1地形図幅名	液状化地点の記号の色	液状化地点の記号の種類	記号の大きさ
1	新潟県上越市柿崎区坂田新田	138.365747	37.249232	149-1)	柿崎	青	◇	小
2	新潟県柏崎市鯨波国道8号	138.521348	37.356477	149-2)	柏崎	青	●	点
3	新潟県柏崎市番神1丁目柏崎港西埠頭物揚場	138.530624	37.365613	149-2)	柏崎	青	領域	領域
4	新潟県柏崎市番神1丁目柏崎港西埠頭岸壁	138.531272	37.366291	149-2)	柏崎	青	領域	領域
5	新潟県柏崎市中浜柏崎港東埠頭護岸	138.535263	37.366801	149-2)	柏崎	青	領域	領域
6	新潟県柏崎市中浜柏崎港東埠頭岸壁	138.536287	37.36647	149-2)	柏崎	青	領域	領域
7	新潟県柏崎市中浜柏崎港東埠頭	138.537507	37.365935	149-2)	柏崎	青	領域	領域
8	新潟県柏崎市中浜柏崎港中浜埠頭2号岸壁	138.538763	37.367856	149-2)	柏崎	青	領域	領域
9	新潟県柏崎市中浜柏崎港中浜埠頭臨港道路	138.539072	37.367255	149-2)	柏崎	青	●	点
10	新潟県柏崎市中浜2丁目鵜川河口部左岸	138.542926	37.366211	149-1)	柏崎	青	領域	領域
11	新潟県柏崎市学校町柏崎アクアパーク	138.551872	37.373145	149-1)	柏崎	青	領域	領域
12	新潟県柏崎市中央町	138.558368	37.373349	149-5)	柏崎	青	●	点
13	新潟県柏崎市北園町潮風公園（海岸公園）	138.556224	37.378431	149-1)	柏崎	青	領域	領域
14	新潟県柏崎市四谷2丁目	138.569533	37.369768	149-1)	柏崎	青	●	点
15	新潟県柏崎市安政町柏崎自然浄化センター	138.567441	37.385637	149-1)	柏崎	青	領域	領域
16	新潟県柏崎市松波2丁目	138.572864	37.386826	149-1)	柏崎	青	領域	領域
17	新潟県柏崎市松波2丁目安政橋上流右岸	138.574117	37.385535	149-1)	柏崎	青	●	点
18	新潟県柏崎市松波2丁目安政橋上流右岸	138.574457	37.386758	149-1)	柏崎	青	●	点
19	新潟県柏崎市松波鯖石川河川改修公園	138.575625	37.389981	149-1)	柏崎	青	●	点
20	新潟県柏崎市松波鯖石川河川改修公園	138.577873	37.390905	149-1)	柏崎	青	領域	領域
21	新潟県柏崎市松波開運橋下流右岸	138.579721	37.391577	149-1)	柏崎	青	領域	領域
22	新潟県柏崎市松波4丁目	138.579912	37.394955	149-1)	柏崎	青	領域	領域
23	新潟県柏崎市橋場町海運橋左岸	138.581284	37.39162	149-1)	柏崎	青	領域	領域
24	新潟県柏崎市橋場町	138.582735	37.390397	149-1)	柏崎	青	領域	領域
25	新潟県柏崎市大字橋場山本砂採り場	138.585559	37.394335	149-1)	柏崎	青	領域	領域
26	新潟県柏崎市山本団地	138.589719	37.394403	149-1)	柏崎	青	領域	領域
27	新潟県柏崎市大字山本	138.594761	37.392485	149-1)	柏崎	青	領域	領域
28	新潟県刈羽郡刈羽村長崎	138.59992	37.400929	149-1)	柏崎	青	領域	領域
29	新潟県刈羽郡刈羽村越後線荒浜駅	138.602085	37.404749	149-1)	柏崎	青	領域	領域
30	新潟県刈羽郡刈羽村正明寺	138.601151	37.404977	149-1)	柏崎	青	領域	領域
31	新潟県刈羽郡刈羽村下高町	138.604538	37.408839	149-1)	柏崎	青	●	点
32	新潟県刈羽郡刈羽村下高町	138.607572	37.409925	149-1)	柏崎	青	●	点
33	新潟県刈羽郡刈羽村下高町	138.607848	37.411283	149-1)	柏崎	青	●	点

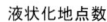

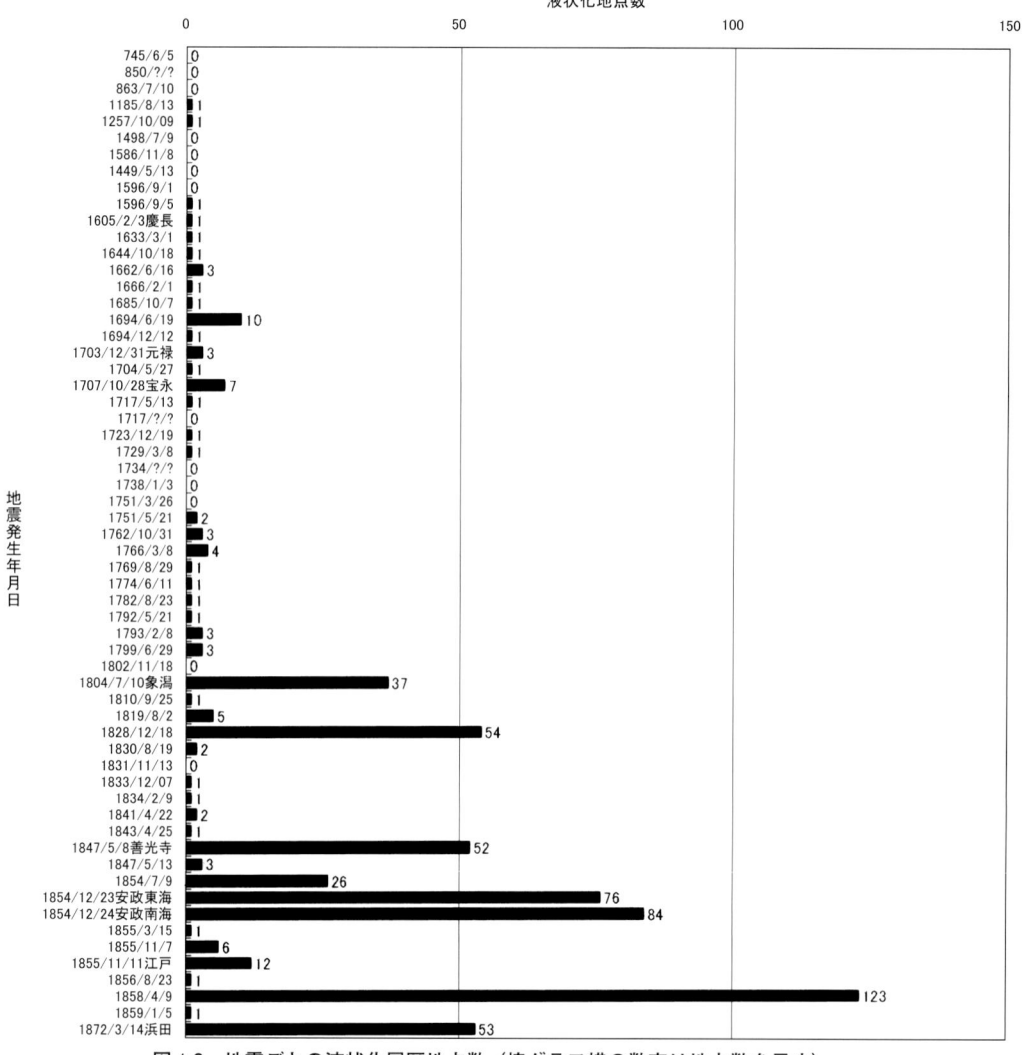

図 1.6 　地震ごとの液状化履歴地点数（棒グラフ横の数字は地点数を示す）
Fig. 1.6 Number of liquefied sites in each earthquake
(a) 1884 年までの地震による液状化地点数
(a) Earthquakes 745 to 1884

見なして GIS に登録したために，とくに数が多くなっている．次いで多いのが，2004 年新潟県中越地震の 1899 地点である．

また，噴砂・噴水は報告されているが，その正確な発生位置が不明なため地図上にプロットできなかったものが 125 件ある．

図 1.7 は，図 1.4 の液状化地点の分布を，沖積低地の分布に注目して整理し直したもので，全国の主な平野と盆地ごとの液状化の発生回数を示している．液状化発生の地点数や分布に関係なく，ある地震で 1 カ所でもその平野や盆地に液状化が起きた記録があれば 1 回とカウントしている．過去に液状化発生の回数が多いのは，濃尾平野と新潟平野の 11 回を筆頭に，秋田・能代平野の各 10 回，大阪平野 9 回，関東平野 8 回，津軽平野，仙台平野，金沢平野の各 7 回の順となっている．

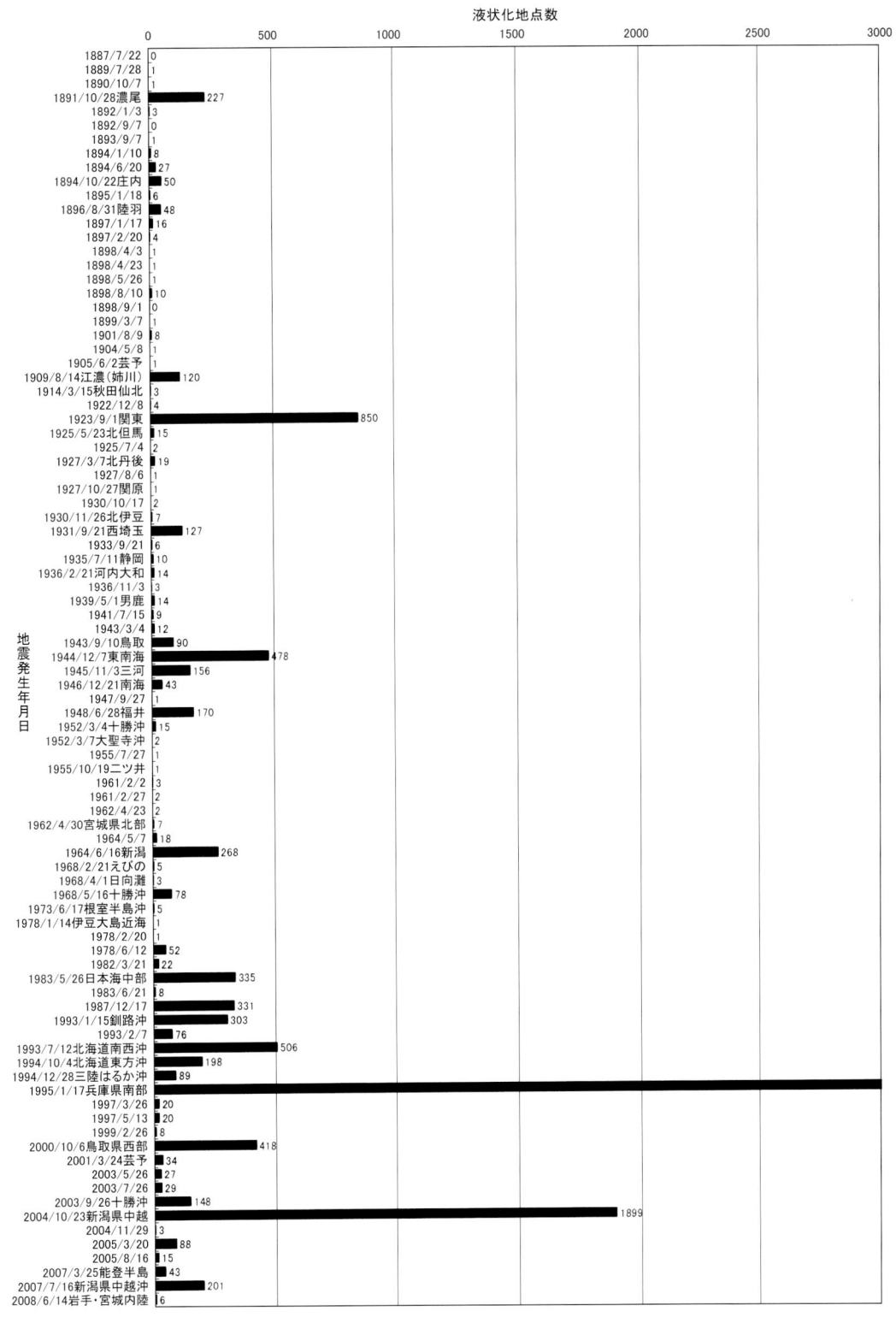

地震発生年月日	液状化地点数
1887/7/22	0
1889/7/28	1
1890/10/7	1
1891/10/28 濃尾	227
1892/1/3	3
1892/9/7	0
1893/9/7	1
1894/1/10	8
1894/6/20	27
1894/10/22 庄内	50
1895/1/18	6
1896/8/31 陸羽	48
1897/1/17	16
1897/2/20	4
1898/4/3	1
1898/4/23	1
1898/5/26	1
1898/8/10	10
1898/9/1	0
1899/3/7	1
1901/8/9	8
1904/5/8	1
1905/6/2 芸予	1
1909/8/14 江濃(姉川)	120
1914/3/15 秋田仙北	3
1922/12/8	4
1923/9/1 関東	850
1925/5/23 北但馬	15
1925/7/4	2
1927/3/7 北丹後	19
1927/8/6	1
1927/10/27 関原	1
1930/10/17	2
1930/11/26 北伊豆	7
1931/9/21 西埼玉	127
1933/9/21	6
1935/7/11 静岡	10
1936/2/21 河内大和	14
1936/11/3	3
1939/5/1 男鹿	14
1941/7/15	9
1943/3/4	12
1943/9/10 鳥取	90
1944/12/7 東南海	478
1945/11/3 三河	156
1946/12/21 南海	43
1947/9/27	1
1948/6/28 福井	170
1952/3/4 十勝沖	15
1952/3/7 大聖寺沖	2
1955/7/27	1
1955/10/19 二ツ井	1
1961/2/2	3
1961/2/27	2
1962/4/23	2
1962/4/30 宮城県北部	7
1964/5/7	18
1964/6/16 新潟	268
1968/2/21 えびの	5
1968/4/1 日向灘	3
1968/5/16 十勝沖	78
1973/6/17 根室半島沖	5
1978/1/14 伊豆大島近海	1
1978/2/20	1
1978/6/12	52
1982/3/21	22
1983/5/26 日本海中部	335
1983/6/21	8
1987/12/17	331
1993/1/15 釧路沖	303
1993/2/7	76
1993/7/12 北海道南西沖	506
1994/10/4 北海道東方沖	198
1994/12/28 三陸はるか沖	89
1995/1/17 兵庫県南部	
1997/3/26	20
1997/5/13	20
1999/2/26	8
2000/10/6 鳥取県西部	418
2001/3/24 芸予	34
2003/5/26	27
2003/7/26	29
2003/9/26 十勝沖	148
2004/10/23 新潟県中越	1899
2004/11/29	3
2005/3/20	88
2005/8/16	15
2007/3/25 能登半島	43
2007/7/16 新潟県中越沖	201
2008/6/14 岩手・宮城内陸	6

図 1.6 続き
(b) 1885〜2008 年の地震による液状化地点数
(b) Earthquakes from 1885 to 2008

図 1.7 主な平野と盆地ごとの液状化の履歴回数（745〜2008 年）（文献 16）に加筆）
Fig. 1.7 Number of times liquefactions have occurred in major plains and basins (modified from ref 16)

6. わが国における液状化発生の特徴

6.1 地域ごとの液状化地点の分布の特徴

　付属の DVD-ROM Part 2 には，液状化の履歴が多い全国 17 地域の液状化履歴地点の分布を pdf ファイルで収録した．作成地域を表 1.4 に示す．そのうち，7 新潟地域，11 関東地方，12 濃尾・東海地方，13 神戸・大阪地域の画像を図 1.8〜1.11 として示す．小縮尺で見にくいが，付属の DVD-ROM Part 2 には同じ画像の pdf ファイルが収録されているので，詳細はそちらを拡大してご覧頂きたい．

　これらの分布図を見てわかるように，広い沖積低地をもつ大きな平野ほど液状化履歴地点が多いことがわかる．沖積低地の中では，大河川沿岸に液状化地点が特に多く見られる（たとえば，仙台平野，山形県西部の庄内平野，新潟平野，関東平野，濃尾平野，天竜川平野）．日本海沿岸の平野では，海岸部の砂丘地帯に液状化地点が高密度に見られる（たとえば，津軽平野，秋田平野，庄内平野，新潟平野）．

自然にできた沖積低地のほか，海岸部の埋立地や干拓地でも，液状化が多数起こっている（たとえば，関東平野の東京湾の東部沿岸，神戸・大阪平野，岡山平野，広島平野，鳥取県中海沿岸，福岡平野）．ただし，関東平野の東京湾の西部沿岸や濃尾平野の伊勢湾沿岸の埋立地で液状化の履歴が少ないのは，埋立地が造成されてから大きな地震に見舞われていないためである．

表 1.4　付属 DVD-ROM Part 2 に掲載されている液状化履歴地点の地方別マップの一覧表
Table 1.4 List of local liquefaction maps included in DVD-ROM Part 2

No.	地域名	液状化が発生した地震の数
1	北海道南東部地域	9
2	北海道南西部地域	4
3	青森県東部地域	5
4	青森県西部・秋田地域	13
5	秋田県南部・山形県西部地域	10
6	仙台地域	10
7	新潟地域	16
8	富山・能登地域	4
9	長野地域	3
10	福井・金沢地域	6
11	関東地方	13
12	濃尾・東海地方	18
13	神戸・大阪地域	11
14	岡山地域	3
15	広島地域	3
16	鳥取・島根地域	6
17	福岡地域	2

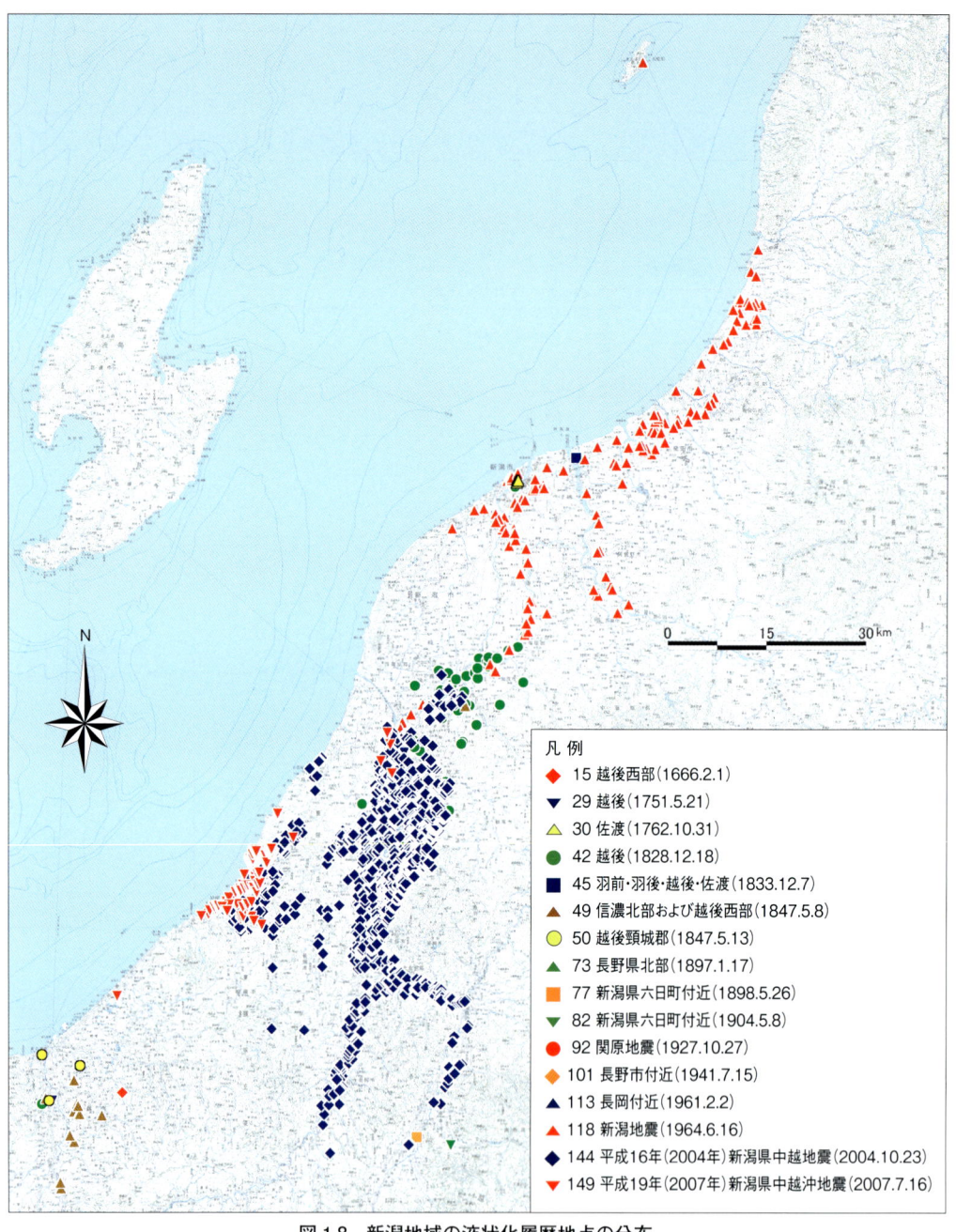

図 1.8　新潟地域の液状化履歴地点の分布
Fig. 1.8 Distribution of liquefied sites in Niigata area

凡例
- 15 越後西部(1666.2.1)
- 29 越後(1751.5.21)
- 30 佐渡(1762.10.31)
- 42 越後(1828.12.18)
- 45 羽前・羽後・越後・佐渡(1833.12.7)
- 49 信濃北部および越後西部(1847.5.8)
- 50 越後頸城郡(1847.5.13)
- 73 長野県北部(1897.1.17)
- 77 新潟県六日町付近(1898.5.26)
- 82 新潟県六日町付近(1904.5.8)
- 92 関原地震(1927.10.27)
- 101 長野市付近(1941.7.15)
- 113 長岡付近(1961.2.2)
- 118 新潟地震(1964.6.16)
- 144 平成16年(2004年)新潟県中越地震(2004.10.23)
- 149 平成19年(2007年)新潟県中越沖地震(2007.7.16)

凡例
- ◆ 5 関東南部(1257.10.9)
- ■ 12 相模・駿河・伊豆(1633.3.1)
- ▼ 19 江戸・関東諸国(1703.12.31)
- ▼ 34 相模・武蔵・甲斐(1782.8.23)
- ▲ 52,53 安政東海・南海地震(1854.12.23,24)
- ● 56 江戸地震(1855.11.11)
- ■ 64 濃尾地震(1891.10.28)
- ■ 69 東京湾北部(1894.6.20)
- ▼ 71 霞ヶ浦付近(1895.1.18)
- ▲ 87 関東大地震(1923.9.1)
- ● 94 北伊豆地震(1930.11.26)
- ● 95 西埼玉地震(1931.9.21)
- ▲ 129 千葉県東方沖(1987.12.17)

図 1.9　関東地方の液状化履歴地点の分布
Fig. 1.9 Distribution of liquefied sites in Kanto area

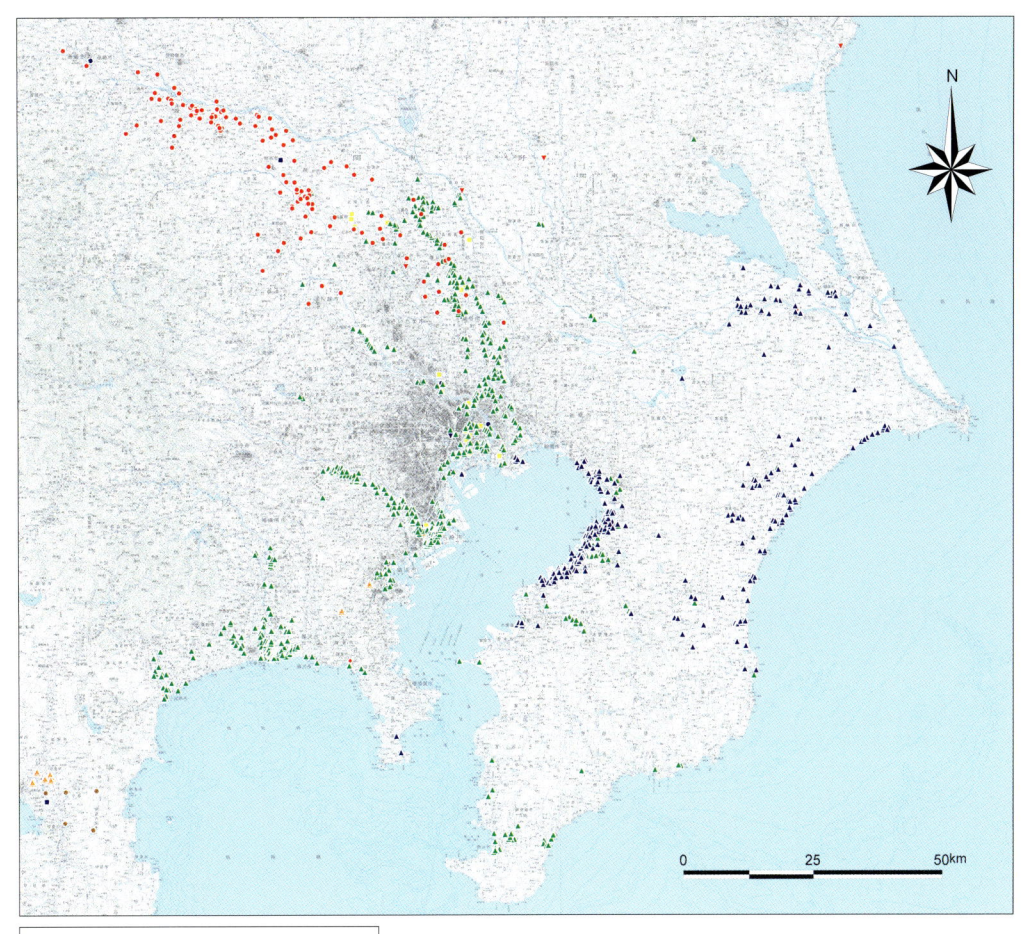

図 1.10 濃尾・東海地方の液状化履歴地点の分布
Fig. 1.10 Distribution of liquefied sites in Nobi and Tokai areas

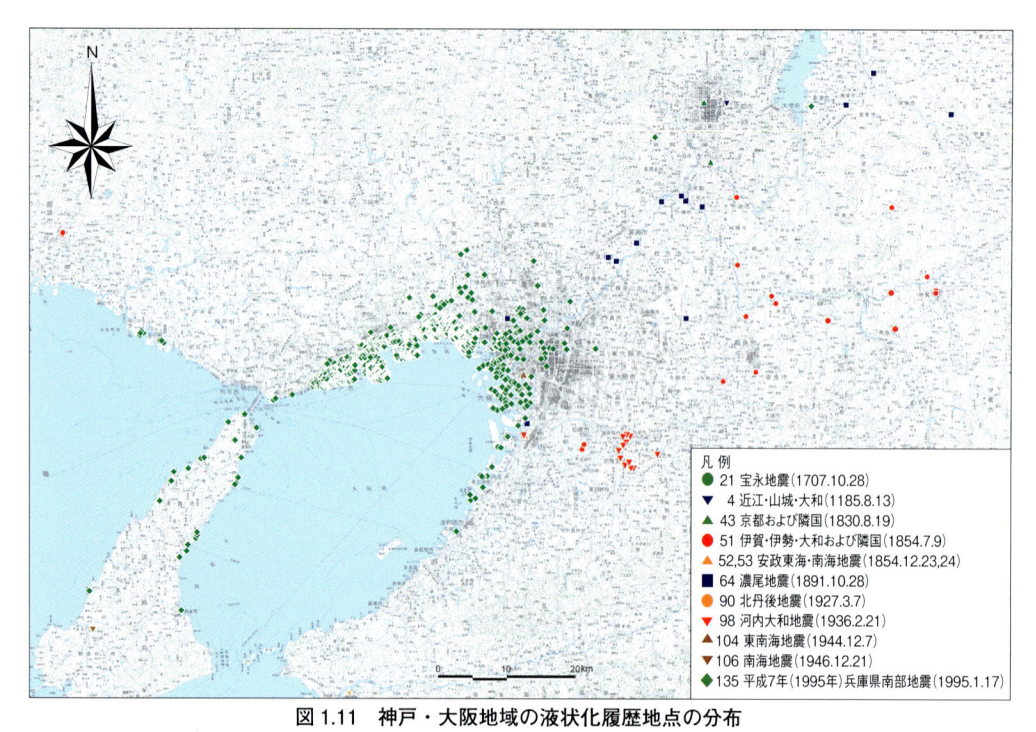

図 1.11 神戸・大阪地域の液状化履歴地点の分布
Fig. 1.11 Distribution of liquefied sites in Kobe and Osaka areas

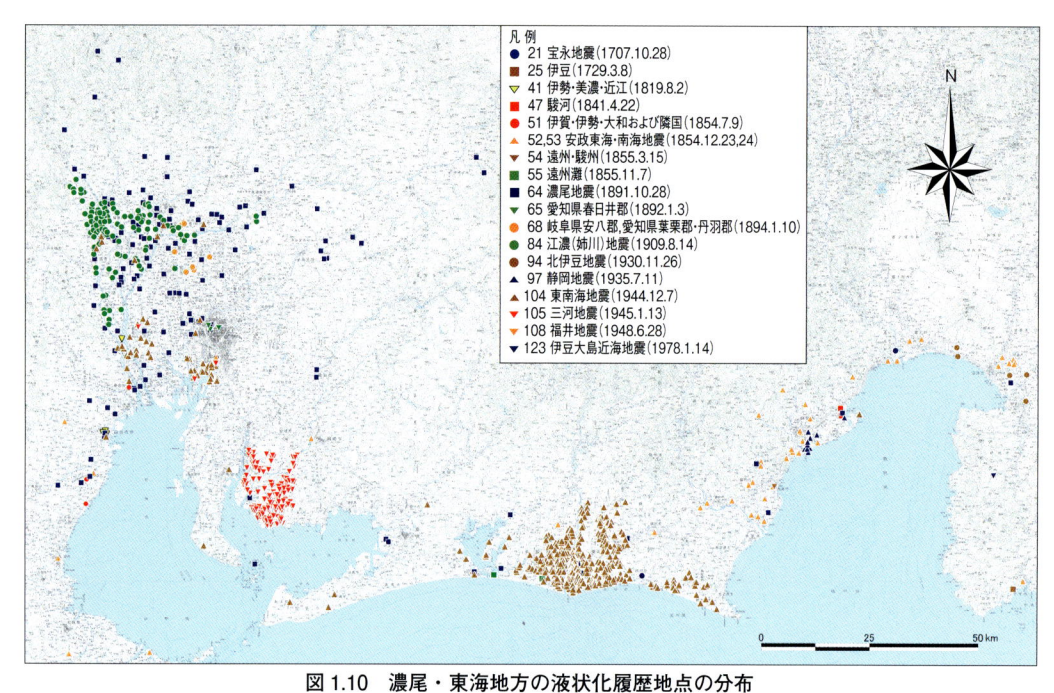

6.2 液状化発生の反復性（再液状化）

過去に一度液状化した地盤がその後の地震で再び液状化することを「再液状化」と呼び，これまでにも，わが国やアメリカ合衆国で数例報告されていた[1,17,18]．

本書に収録した液状化履歴地点約1万6500地点の中から，複数地震で繰り返し液状化が発生した地点をあげると，表1.5の通りである．また，その分布は図1.12のようになる．全部で150ヵ所あるが，厳密に同じ場所と同定できなかった箇所も多く含まれている．繰り返し液状化が発生した箇所数は，東北日本に圧倒的に多い．都道府県別に見ると，北海道が最も多く41ヵ所，次いで新潟県28ヵ所，秋田県16ヵ所，宮城県10ヵ所となっている．これらは，ここ20年余りの間に複数回大きな地震に見舞われた地域である．これに対して，近年には大地震が発生していないが，繰り返し液状化が発生した箇所数が多いのは，埼玉県の9ヵ所，長野県の7ヵ所となっている．

著者自身が現地踏査を行った際に，「この場所では，以前も同じ現象が起こった」という住民の証言に幾度か遭遇している．最近の例をあげると，2004年の新潟県中越地震で，住宅に液状化被害が多数発生した新潟県柏崎市橋場町（鯖石川の旧河道）や刈羽村稲場（荒浜砂丘の裾）では，2007年の新潟県中越沖地震でも著しい液状化被害が再び発生した．また，山形県遊佐町江地字出戸（庄内砂丘の裾）では，表1.5に示すように，35年間で4回の液状化が発生しており，住宅等に被害を与えている[19]．釧路市緑ヶ岡5丁目でも，30年間に4回の地震で液状化による住宅等の被害が発生している[20]．緑ヶ岡は，釧路段丘を1960年代～1970年代初頭にかけて切り盛りにより宅地造成した地域で，液状化を生じた場所は沢や谷筋を盛土した箇所であった．

30年余り前，著者が液状化の研究を始めたころは，「再液状化は本当に起こるのか？」と疑問視されていたが，1978年2月の宮城県沖の地震で噴砂が確認された名取川の種次堤防（仙台市若林区中村）において，1978年6月の宮城県沖地震でも再び液状化したことが確認された[21]．その後の地震でも再液状化の事例は日本各地で数多く報告されており，過去に液状化の履歴がある場所では，将来の大地震でも液状化が発生する公算が高いと考えるのが通説になっている．

再液状化のメカニズムは，完全に解明されているわけではないが，一つには，液状化した地盤は均一に締まるのではなく，不均一に密になるためという考え方がある[18,22]．地面は地震後に沈下していることから平均的には締まっているが，部分的にはかえって緩んでいたという現場の計測結果もある[3,23]．この原因として，地震の揺れの継続時間は限られており，砂層が満遍なく締め固まるまでの時間がないためと推測されている．第二には，一度液状化してバラバラになった土粒子は，土の接点どうしの結びつきが液状化前より弱まり，土の強度そのものが低下することが要因とする考えもある[22]．第三に，液状化による過剰間隙水圧が消散する過程での上向きの浸透流により，粒子構造が攪拌されて再び緩い骨格構造ができるためという見解もある[24,25]．再液状化は単独の要因ではなく，いくつかの要因が複合した結果生じるものと考えられる．

一方，長期的には，年代効果や繰り返し液状化が発生することにより，次第に液状化しなく

表 1.5　複数の地震で繰返し液状化が発生した地点
Table 1.5 Sites of re-liquefaction during successive earthquakes

No	地名（2010年7月現在地名）	液状化が生じた地震の番号（表1.1参照）
1	北海道浦河郡浦河町浦河港岸壁背後地	130, 143
2	北海道中川郡豊頃町大津漁港南西部岸壁背後空地	130, 133, 143
3	北海道白糠郡音別町朝日2丁目81 音別町文化会館	130, 133, 143
4	北海道白糠郡音別町朝日1丁目大塚製薬工場付近	130, 143
5	北海道茅部郡森町字駒ヶ岳	127, 132
6	北海道釧路市緑ヶ岡5丁目	122, 130, 133, 143
7	北海道釧路市浜町 漁業埠頭	130, 133
8	北海道釧路市西港1丁目オイルターミナル	130, 143
9	北海道釧路市西港1丁目第1埠頭	130, 133, 143
10	北海道釧路市西港3丁目第3埠頭	130, 133
11	北海道厚岸郡厚岸町若竹町厚岸漁港湖南地区第1埠頭	130, 133
12	北海道十勝郡浦幌町厚内漁港	130, 143
13	北海道広尾郡広尾町十勝港第3埠頭農協サイロ周辺	130, 133
14	北海道広尾郡広尾町会所前十勝港第3埠頭	130, 133, 143
15	北海道中川郡豊頃町茂岩新和町牛首別川右岸	130, 143
16	北海道根室市花咲港東地区埋立地	133, 143
17	北海道根室市漁港落石水産物地方卸売市場付近	133, 143
18	北海道室蘭港西3号ふ頭	121, 126
19	北海道中川郡幕別町新川十勝川右岸統内築堤付近	130, 143
20	北海道厚岸郡厚岸町床潭漁港	130, 133
21	北海道札幌市清田区清田7条3丁目1番地, 5番地	126, 143
22	北海道釧路市美原3丁目	130, 133
23	北海道釧路市美原1丁目	133, 143
24	北海道釧路郡釧路町桂木1丁目	130, 133
25	北海道広尾郡大樹町浜大樹漁港	130, 143
26	北海道白糠郡白糠町西庶路東2条南	133, 143
27	北海道白糠郡白糠町西庶路3条南庶路橋下庶路川左岸堤内地	130, 133
28	北海道函館市港町有川桟橋付近	121, 132
29	北海道函館市浅野町北埠頭	121, 132
30	北海道函館市港町2丁目埋立地	121, 132
31	北海道函館市朝市旧青函連絡船桟橋付近	121, 132
32	北海道川上郡標茶町茅沼シラルトロエトロ崩壊斜面中腹	130, 133
33	北海道標津郡標津町北5条東1丁目2-8 標津町ふれあい加工体験センター	133, 143
34	北海道標津郡標津町標津漁港	133, 143
35	北海道標津郡標津町標津漁港	130, 133
36	北海道浜中町霧多布西1条2丁目	109, 133
37	北海道厚岸郡浜中町琵琶瀬漁港	133, 143
38	北海道霧多布港（浜中町霧多布東1条）	122, 133
39	北海道霧多布港（浜中町霧多布西1条1丁目）	130, 133, 143
40	北海道霧多布港（浜中町霧多布東2条）	133, 143
41	北海道釧路市西港2丁目第2埠頭	130, 133, 143
42	青森県西津軽郡鰺ヶ沢町舞戸	17, 127
43	青森県平川市大光寺	17, 20
44	青森県北津軽郡中泊町富野武田小学校	121, 127, 128

45	青森県つがる市下牛潟町	127, 132
46	青森県五所川原市金木町蒔田	127, 128
47	青森県つがる市木造館岡	127, 128
48	青森県つがる市牛潟町太田光	127, 128
49	青森県北津軽郡中泊町竹田	127, 128
50	青森県つがる市富萢町（旧車力村）	127, 128
51	宮城県亘理郡亘理町荒浜鳥の海公園	125, 147
52	宮城県東松島市牛網字平岡	141, 142, 147
53	宮城県東松島市浜市	141, 142, 147
54	宮城県大崎市鹿島台木間塚	125, 142
55	宮城県東松島市宮戸潜ヶ浦	141, 142
56	宮城県東松島市野蒜	141, 142
57	宮城県石巻市三河町日和埠頭	141, 142
58	宮城県仙台市若林区中村名取川種次堤防付近	124, 125
59	宮城県石巻市桃生町神取字西八反崎江合川右岸北和渕堤防	125, 141
60	宮城県石巻市桃生町神取字西八反崎江合川右岸旧河道部	141, 142
61	秋田県男鹿市福米沢	117, 127
62	秋田県男鹿市船川港船川字芦沢	100, 127
63	秋田県男鹿市脇本	117, 127
64	秋田県男鹿市野石玉ノ池	117-2
65	秋田県男鹿市野石五明光	100, 127
66	秋田県男鹿市野石田川原	100, 117
67	秋田県八郎潟西部承水路堤防	117, 118, 127
68	秋田県八郎潟正面堤防	117, 121, 127
69	秋田県潟上市昭和大久保元木田	117, 127
70	秋田県秋田市新屋元町	72, 118, 127
71	秋田県秋田市寺内字大小路	117, 118, 127
72	秋田市楢山大元町	118, 127
73	秋田県にかほ市象潟町字三丁目塩越	39, 70, 72
74	秋田県大潟村北の橋付近	121, 127
75	秋田県能代市常盤	72, 127
76	秋田県能代市落合	72, 127
77	山形県酒田市新町	39, 70
78	山形県東田川郡庄内町福原	39, 118
79	山形県酒田市坂野辺新田	70, 118
80	山形県酒田市飯森山	70, 118
81	山形県飽海郡遊佐町大字江地字出戸	117, 118, 127, 138
82	山形県飽海郡遊佐町大字江地字田地下	118, 138
83	埼玉県鴻巣市榎戸2丁目	87, 95
84	埼玉県鴻巣市本町3丁目	87, 95
85	埼玉県鴻巣市大芦	87, 95
86	埼玉県久喜市栗原	87, 95
87	埼玉県南埼玉郡白岡町荒井新田	69, 95
88	埼玉県南埼玉郡菖蒲町菖蒲	69, 87
89	埼玉県さいたま市岩槻区大谷（旧川通村）	87, 95
90	埼玉県蓮田市黒浜	87, 95
91	埼玉県春日部市新田（旧幸松村）	87, 95
92	千葉県市原市牛久	87, 129

93	千葉県千葉市中央区新千葉2丁目	87, 129
94	東京都品川埠頭沖（第二台場）	56, 87
95	東京都葛飾区西亀有2丁目6番地	56, 87
96	東京都葛飾区西亀有4丁目	56, 87
97	東京都江戸川区東葛西1丁目	56, 87
98	新潟県三条市貝喰新田	42, 144
99	新潟県三条市上須頃	42, 144
100	新潟県三条市今井	118, 144
101	新潟県長岡市並木新田	118, 144
102	新潟県長岡市与板町与板	118, 144
103	新潟県長岡市与板町蔦都	118, 144
104	新潟県長岡市与板町東与板	118, 144
105	新潟県燕市横田	118, 144
106	新潟県見附市鹿熊町	118, 144
107	新潟県長岡市大口	118, 144
108	新潟県長岡市李崎町	118, 144
109	新潟県長岡市川袋町	118, 144
110	新潟県長岡市脇川新田町	118, 144
111	新潟県長岡市新開町	118, 144
112	新潟県新潟市中央区西堀通	30, 118
113	新潟県新潟市中央区東堀通	30, 118
114	新潟県新潟市中央区一番堀通町	42, 118
115	新潟県新潟市北区松浜	45, 118
116	新潟県新潟市南区古川新田	42, 118
117	新潟県南蒲原郡田上町曽根新田	42, 118
118	新潟県長岡市妙見町	42, 144
119	新潟県長岡市草生津1丁目	42, 144
120	新潟県長岡市宮本町1丁目	92, 144
121	新潟県刈羽郡刈羽村 JR刈羽駅	118, 144, 149
122	新潟県刈羽郡刈羽村稲場	144, 149
123	新潟県刈羽郡刈羽村新屋敷	118, 144
124	新潟県柏崎市橋場町	144, 149
125	新潟県柏崎市半田2丁目	144, 149
126	石川県珠洲市正院町正院	131, 148
127	石川県珠洲市熊谷町ト金川右岸	131, 148
128	石川県珠洲市宝立町鵜飼漁港	131, 148
129	福井県坂井郡春江町為国	64, 108
130	福井県福井市片粕町	64, 108
131	長野県須坂市中島	49, 73
132	長野県須坂市高梨	49, 73
133	長野県須坂市村山	49, 73, 101
134	長野県長野市赤沼	49, 73, 101
135	長野県須坂市相之島	49, 73, 101
136	長野県上高井郡小布施町大島	49, 73
137	長野県長野市穂保	73, 101
138	岐阜県羽島郡岐南町みやまち4丁目	64, 104
139	岐阜県大垣市赤坂町	64, 84
140	岐阜県羽島市竹鼻町	64, 84

141	静岡県磐田市掛塚	52, 104
142	静岡県磐田市駒場	52, 104
143	愛知県津島市上新田町	104, 105
144	愛知県名古屋市西区幅下	21, 64, 65
145	三重県伊賀市上野丸之内	41, 51
146	大阪府大阪市港区海岸通3丁目	106, 135
147	鳥取県米子市灘町米子港周辺	89, 139
148	鳥取県米子市彦名新田	103, 106, 139
149	福岡県糸島郡志摩町大字野北	78, 146
150	福岡県糸島郡志摩町大字小金丸	78, 146

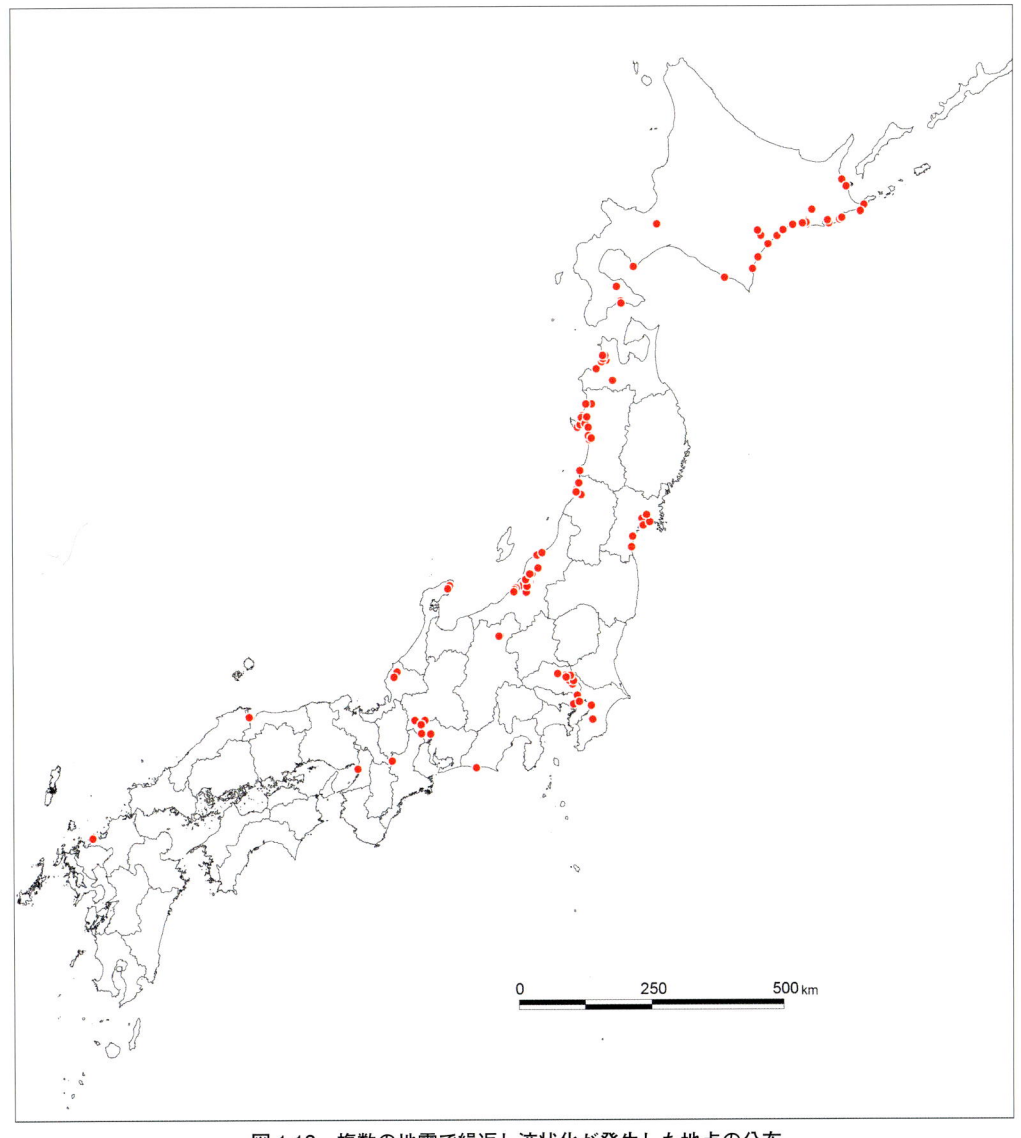

図 1.12 複数の地震で繰返し液状化が発生した地点の分布
Fig.1.12 Distribution of re-liquefaction sites during successive earthquakes

なると考えられている[26,27]が,少なくとも数十年から百数十年の時間スパンで見た場合には,一度液状化した履歴がある場所は,強い地震動に見舞われれば再び液状化する可能性が高いとみなした方がよいようである.

6.3 液状化発生と気象庁震度階級の関係

震度階級は地震動の強さの強弱を示す最も手近な指標である.著者が1936～1987年までの32個の地震を対象として,気象庁震度階級(1996年9月以前の旧震度階級,1936～1948年:震度0～6の7階級,1949～1996年3月:震度0～7の8階級)と液状化発生との関係を調べた.その結果,液状化地点の大部分は震度Ⅴ以上(本書では,現行の震度階級の計測震度と旧震度を区別するために,旧震度はローマ数字で表記する)の地域内で発生していることがわかった.ただし,液状化は震度Ⅴ以上のすべての地域で発生するのではなく,1章で述べた地下水位が浅く緩い砂地盤が存在する地域(今から1万年前までの間にできた完新統と呼ばれる地層が表層に堆積する低地や埋立地)にほぼ限られる.

今回液状化の発生が新たに確認された地震のデータや,前著で取り上げた地震に関しても新たに見つかった液状化地点も加えて,明治以降の主要な地震について,液状化地点の分布と文献[7]に掲載されている震度分布図を重ね合わせた.その結果を図1.13に示す.大部分が震度Ⅴ以上の地域で発生していることがわかる.ただし,震度Ⅴ未満の地域でも,液状化が発生しているケースが各地震1～数地点程度ある.兵庫県南部地震では震度Ⅳの地域(大阪市など)でも液状化が比較的多く発生している.これは,図1.13の気象庁震度階が,広い地域の震度を代表しており,局所的な地域特性が反映されていないためとも考えられる.このことから1964年以降の地震で震度Ⅴ未満で液状化が発生した地点の微地形区分を調べた結果,全体の65%が埋立地などの人工地盤であった.また,自然地盤では旧河道・河川敷が多く,全体の20%を占めていた[28].

1996年10月から,気象庁震度階級は,それまでの人の体感による震度から計測震度計による震度階級に変わり,震度0～7まで(震度5と6については,それぞれ震度5弱と5強,震度6弱と6強に分かれる)の10階級の震度階が採用された.図1.14に,2004年以降の6地震を対象として計測震度の分布(推計震度分布)[29]と液状化地点の分布を重ね合わせた図を示す.ここで,推計震度分布とは,震度計で観測された震度を基に地盤増幅度(地表付近における揺れの増幅を示す指標)を使って約1km四方の格子間隔で震度の推計を行い,その結果を震度分布図として表示したものである[29].図1.14を見ると,液状化は,推計された震度が5強以上の地域で生じている.しかし,わずかではあるが推計震度が4ないし5弱の地域でも発生している.2004年新潟県中越地震では,推計震度4の地域で1カ所,5弱で1カ所,2005年福岡県西方沖の地震では5弱で1カ所,2005年宮城県沖の地震では5弱で2カ所,2007年能登半島の地震では5弱で1カ所あり,全部で6カ所ある.これらの地盤は,埋立て地盤が3カ所,水田の盛土造成地盤2カ所,砂を採取した後の埋戻し地盤1カ所と,いずれも人工的に造成された地盤である.

推計震度分布と類似な震度分布として,産業技術総合研究所から公表されている地震動マップ即時推定システム(QuiQuake)のQuakeMap[30]による計測震度相当値の分布がある.計測

(a) 1891年濃尾地震

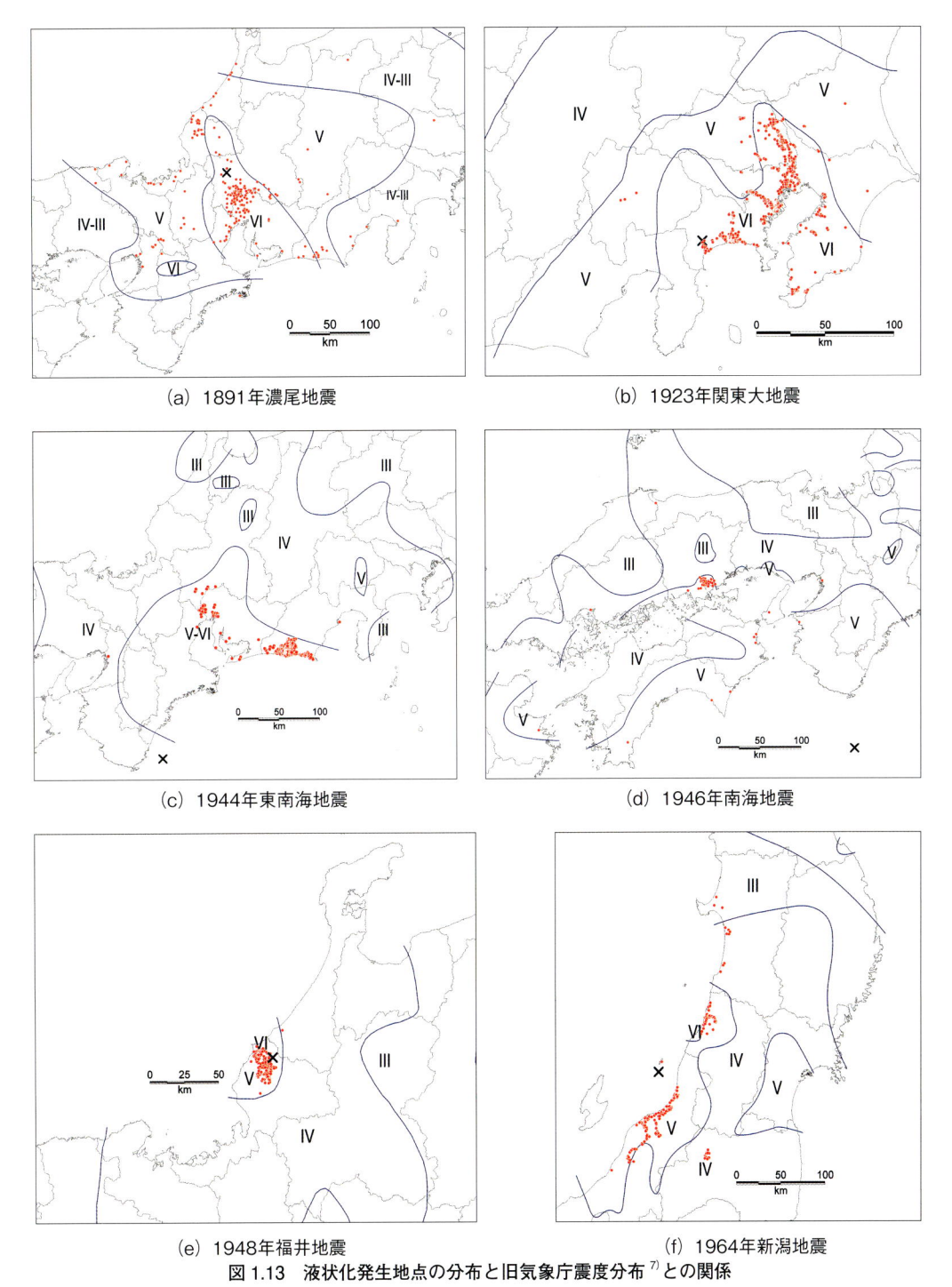

(b) 1923年関東大地震

(c) 1944年東南海地震

(d) 1946年南海地震

(e) 1948年福井地震

(f) 1964年新潟地震

図1.13 液状化発生地点の分布と旧気象庁震度分布[7]との関係

Fig.1.13 Relationships between distributions of liquefied sites and seismic intensity[7]. Roman numerals indicate the former JMA (Japan Meteorological Agency) intensity, which was used until September 1996.

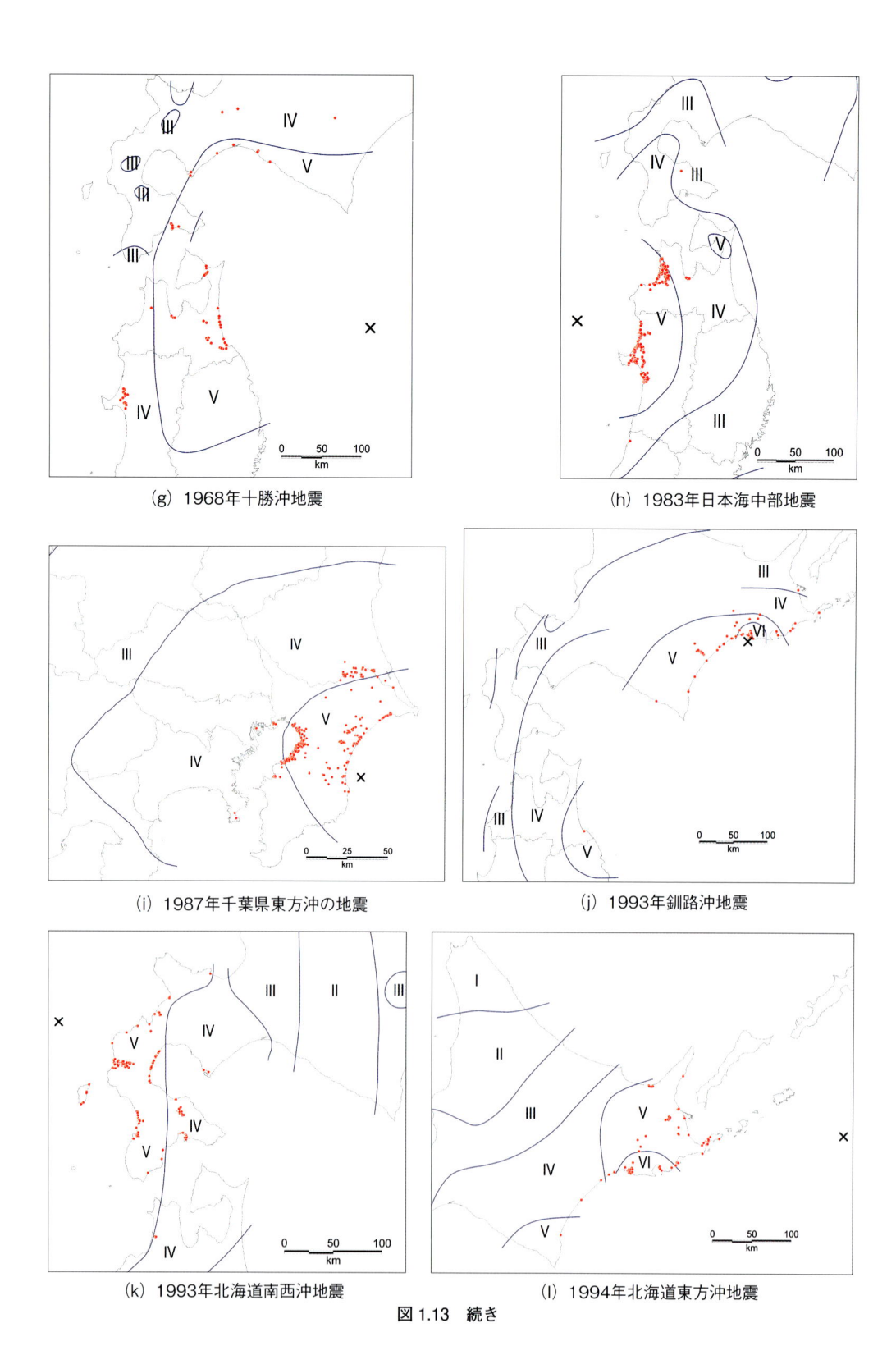

(g) 1968年十勝沖地震

(h) 1983年日本海中部地震

(i) 1987年千葉県東方沖の地震

(j) 1993年釧路沖地震

(k) 1993年北海道南西沖地震

(l) 1994年北海道東方沖地震

図 1.13　続き

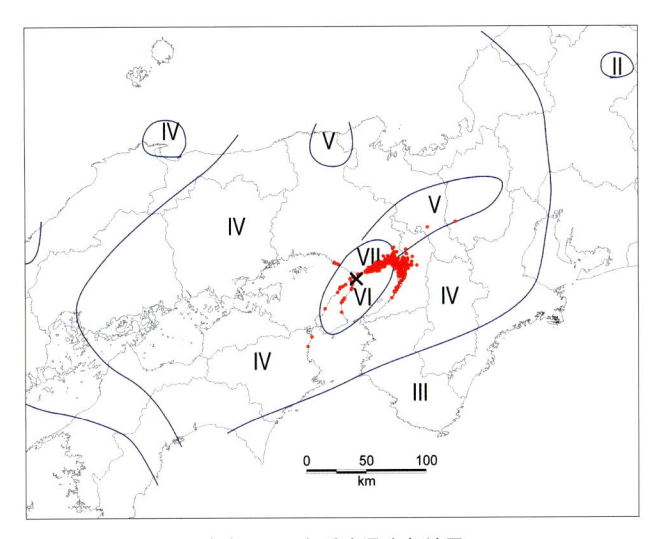

(m) 1995年兵庫県南部地震 　　　　　　図1.13　続き

震度に関しては気象庁と同様の方法で算出しているが，利用している観測記録が異なる．地震記録がない地域については，気象庁の推計震度分布が1 kmメッシュ単位で表層地盤の揺れやすさを考慮して計測震度が推定されているのに対して，QuakeMapでは約250 mメッシュ単位で推定されている．推定方法の詳細についてはQuiQuakeのホームページ[30]を参照されたい．計測震度相当値の分布は，1996年6月以降の主な地震について公表されていることから，10地震を対象として計測震度相当値の分布と液状化発生地点を重ね合わせてみた．その結果を図1.15に示す．この図でも，図1.14と同様，液状化はおおむね震度相当値5強以上の地域で発生しているが，一部では4〜5弱でも発生している．計測震度相当値が5強未満の地域で液状化が発生した事例は，2003年宮城県沖の地震では5弱で1カ所，2003年十勝沖地震では4で10カ所（図1.15（e）は小縮尺でプロットが重なり合っているため3カ所のように見えるが実際には10カ所ある），5弱で1カ所，2004年新潟県中越地震では4で4カ所，能登半島の地震では4で1カ所，5弱で1カ所の合計18カ所である．これらの地盤は，埋立て地盤4カ所，沢埋め盛土地盤10カ所，管路の埋戻し地盤4カ所となっており，いずれも人工造成地盤である．

　以上のように計測震度が採用され，それ以前に比べて高密度に震度が計測されるようになった後も，ごくわずかではあるが推計された震度が4の地域でも液状化が認められている．このことから，震度が局所的な地域特性を反映していないことのみを，小さい震度で液状化が起こることの原因と考えるのは無理があるように思われる．すなわち，液状化は一般には計測震度5強以上の，液状化しうる地層が存在する地域で起こるが，液状化に対する地盤条件がきわめて悪ければ，震度4〜5弱でも起こることがあると考える方がよさそうである．

6.4　地震マグニチュードと液状化が発生する限界震央距離の関係

　ある地域の地震活動度が過去の地震データからわかっている場合は，液状化が発生する可能性がある最大領域は，予想される地震のマグニチュードから推定することができる．これまでにも，過去の地震で起きた液状化発生地点の分布に基づき，地震のマグニチュードMと震央

(a) 2004年新潟県中越地震

(b) 2005年福岡県西方沖の地震

(c) 2005年宮城県沖の地震

(d) 2007年能登半島地震

(e) 2007年新潟県中越沖地震

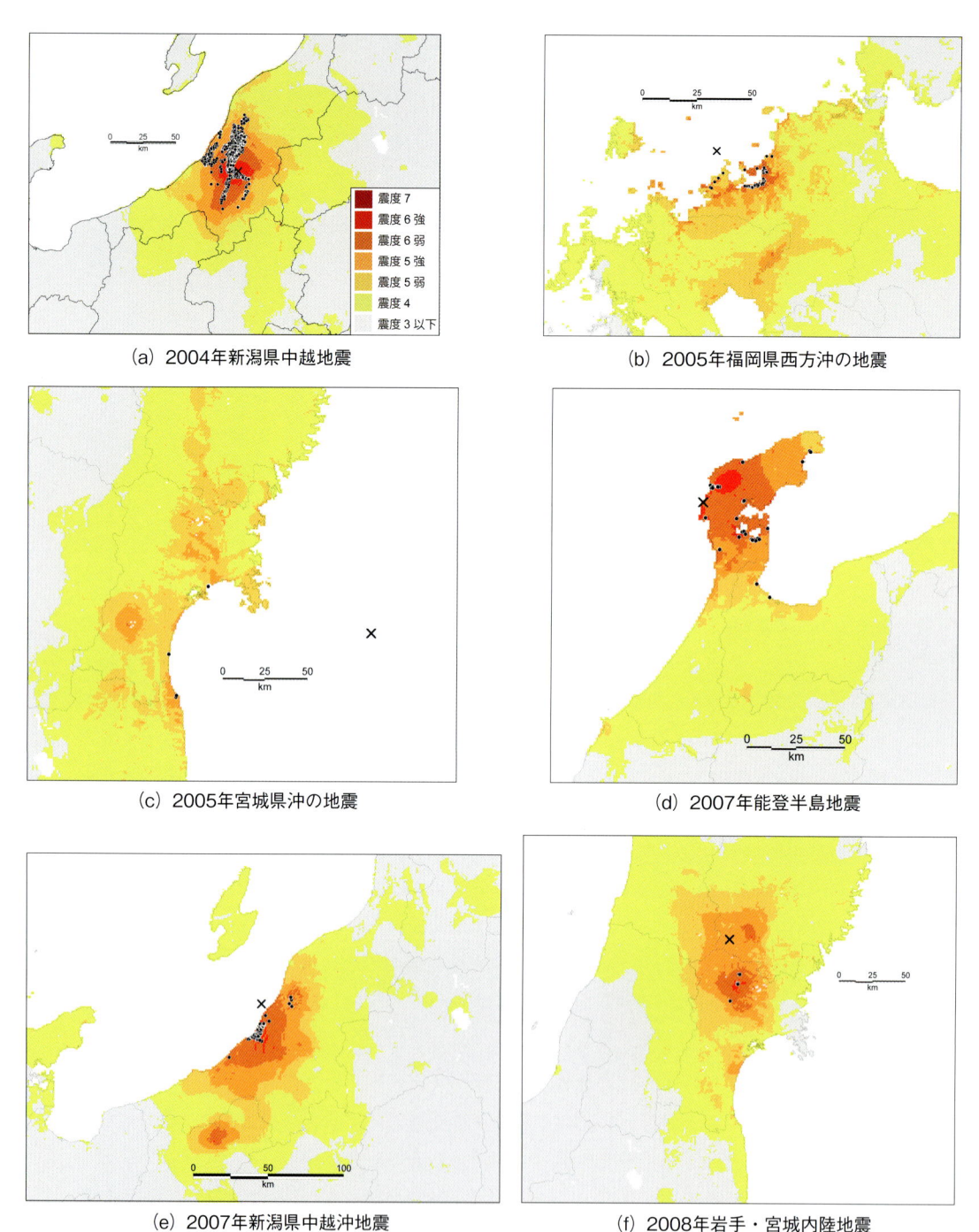

(f) 2008年岩手・宮城内陸地震

図 1.14 液状化発生地点の分布と推計震度分布との関係 (推計震度分布図のデータは気象庁提供)
Fig.1.14 Relationships between distributions of liquefied sites and estimated JMA seismic intensity by JMA (courtesy of JMA).

(a) 2000年鳥取県西部地震

(b) 2001年芸予地震

(c) 2003年宮城県沖の地震

(d) 2003年宮城県北部の地震

(e) 2003年十勝沖地震

(f) 2004年新潟県中越地震

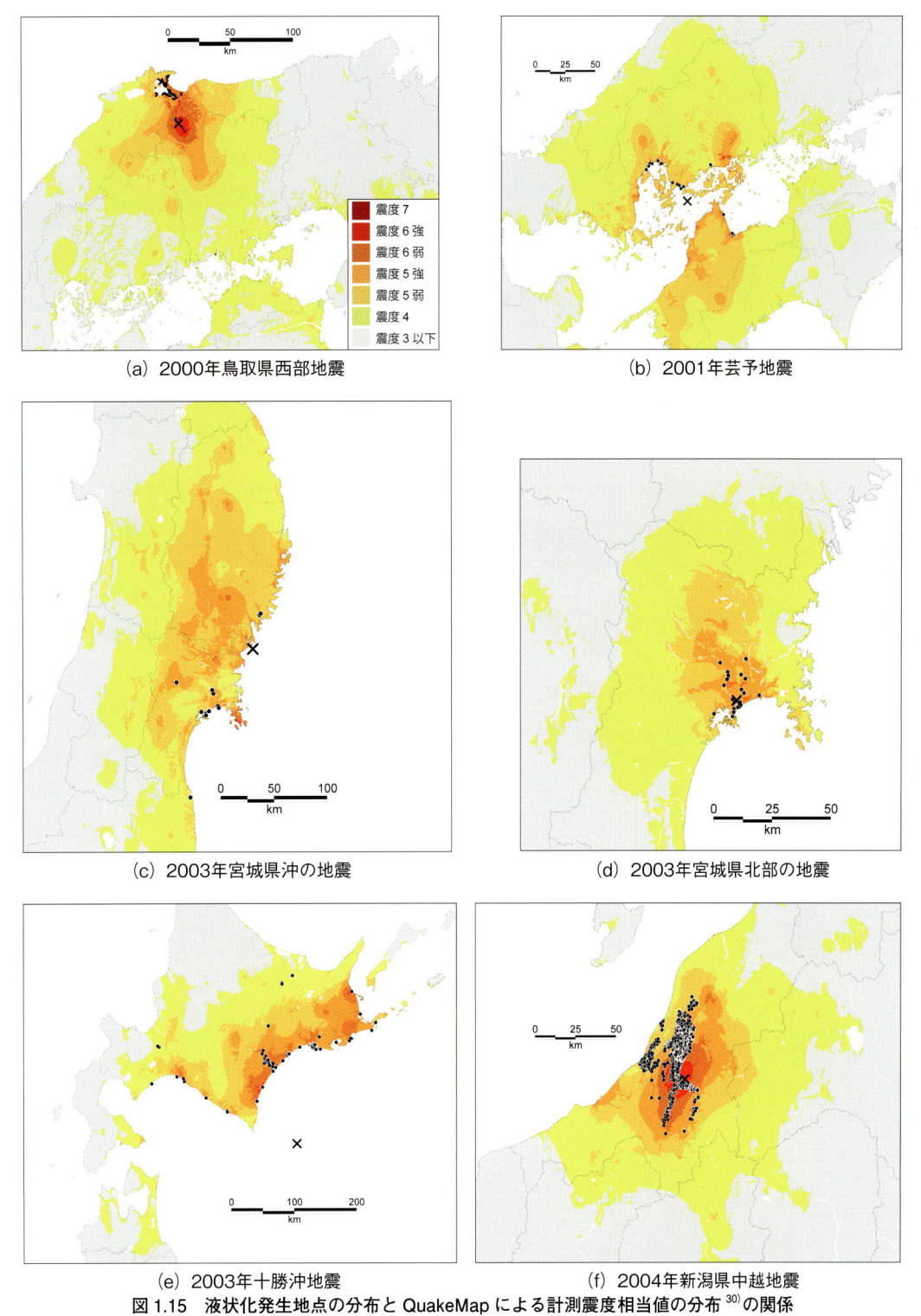

図 1.15　液状化発生地点の分布と QuakeMap による計測震度相当値の分布[30]の関係

Fig.1.15 Relationships between distributions of liquefied sites and estimated seismic intensity estimated by QuakeMap[30].

6. わが国における液状化発生の特徴

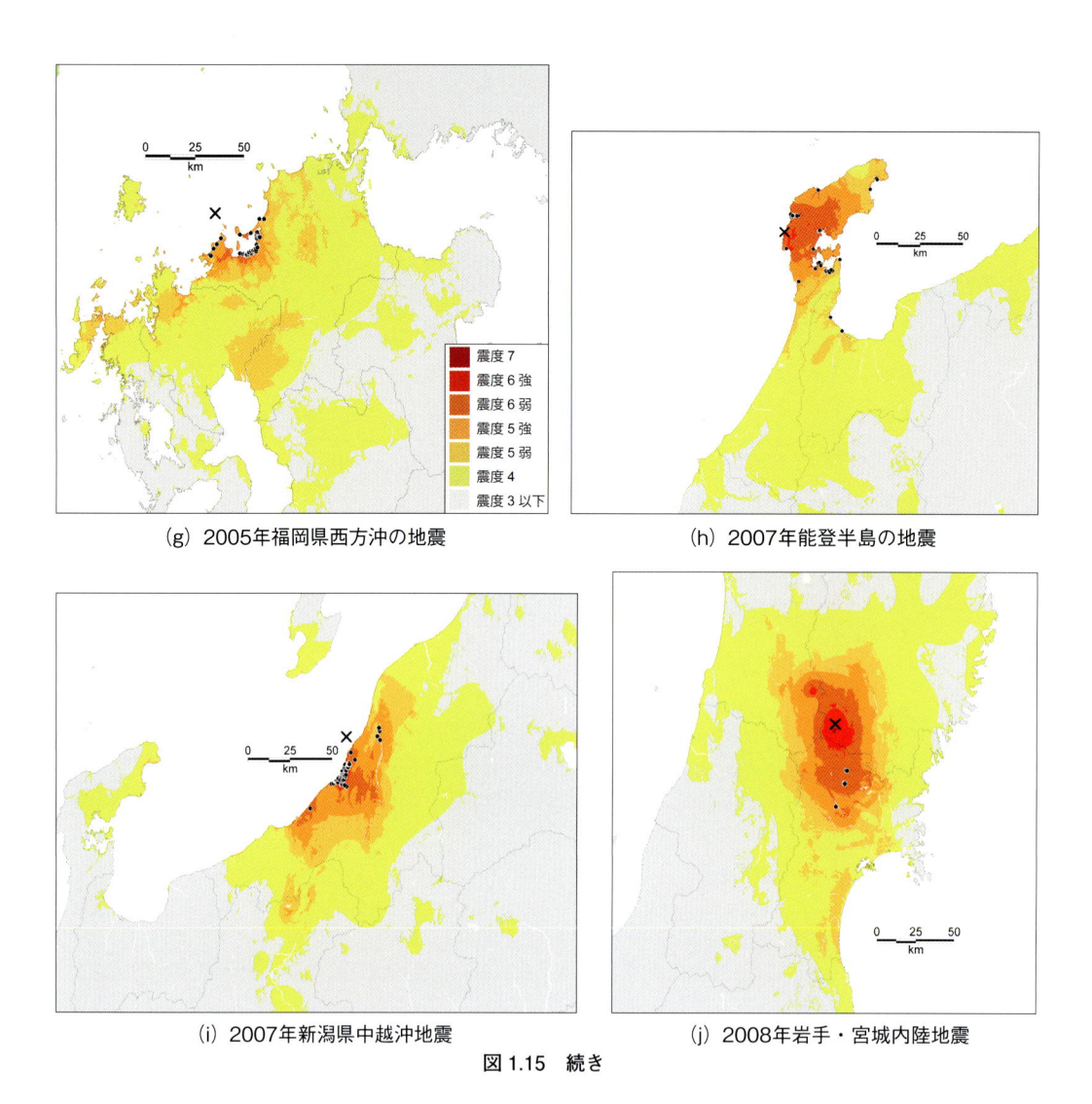

(g) 2005年福岡県西方沖の地震

震度7
震度6強
震度6弱
震度5強
震度5弱
震度4
震度3以下

(h) 2007年能登半島の地震

(i) 2007年新潟県中越沖地震

(j) 2008年岩手・宮城内陸地震

図1.15 続き

から最も遠い液状化発生地点までの距離 R との関係についての分析が行われてきている．たとえば，栗林・龍岡[6]は，わが国で発生した32個の地震を調べ，震央から最も遠い液状化発生地点までの距離 R （km）を対数軸にとり，その地震のマグニチュードを普通軸にプロットして，液状化発生の可能性がある震央距離の上限値（以下，液状化発生限界震央距離と記す）を以下の式で表した．

$$\mathrm{Log} R = 0.77M - 3.6 \qquad (M \geq 6) \cdots\cdots\cdots\cdots\cdots\cdots\cdots\cdots (1.1)$$

ここで，M は気象庁マグニチュード，R は液状化発生限界震央距離である．

前著では1885～1987年に発生した67地震の液状化履歴データに基づき，以下の関係式を導き出した．

$$\mathrm{Log} R = 2.22 \log (4.22M - 19.0) \qquad (5.2 \leq M \leq 8.2) \cdots\cdots\cdots\cdots\cdots\cdots (1.2)$$

表1.6 に，上記の67地震に最近の21地震のデータを加えた震央から最も遠い液状化地点までの距離を示す．日本海中部地震については前者で確認されていた地点より遠い北海道森町において液状化の発生が確認されたことによりデータを差し替えている．加えて前著では震央距離を紙地図上で計測したが，今回はGISソフトウェアを用いて求めている．また，気象庁により震源要素が見直され地震のマグニチュードや震源の位置が修正された地震もあり，前著とは値が若干異なっている．

図1.16 に1885～2008年の地震による震央から最も遠い液状化地点のデータを式（1.2）と共に示す．今回追加された地点は，いずれも式（1.2）による液状化発生の限界線（実線）を大きく越えるものではないことがわかる．唯一，1993年の釧路沖地震が式（1.2）による限界線から外れている．この地震は震源の深さが100.6 kmと他の地震に比べて深い．同じマグニチュードの地震でも，震源の深さが深い「やや深発地震（一般に60～200 km）」では，地震動の継続時間が浅発地震に比べて長いために，液状化の影響が遠くまで及ぶという事例も報告されており[31]，このことが影響しているとも考えられる．

式（1.2）は，上記の栗林・龍岡らによる式（1.1）や，いくつかの海外の予測式の中で，同一マグニチュードに対して最も大きい R が算定される[32]．これは，前著で用いた液状化発生地点のデータが，その他の予測式より対象とした地震の数が多く，また，個々の地震の液状化地点のデータ数も多く，軽微な噴砂などの小規模な液状化が含まれているためと考えられる．

しかしながら，式（1.2）による液状化発生地域は，実務的には広すぎて過大評価になるきらいがある．そこで，顕著な液状化の影響が生じた46地震データだけに絞って M と R の関係を再度整理した結果，式（1.3）が導かれた[33]．式（1.3）を図1.16中に示すが，液状化発生範囲がかなり狭まってくる．

$$\mathrm{Log} R = 3.5 \log (1.4M - 6.0) \qquad (5.2 \leq M \leq 8.2) \cdots\cdots\cdots\cdots\cdots\cdots (1.3)$$

上記の式（1.3）は，表層地盤が液状化の可能性を潜在的に有している地域に対して，あるマグニチュードをもつ地震によって引き起こされる液状化被害の最大範囲を予測するのに用いることができる．一方，式（1.2）は，軽微な液状化が起こり得る最大範囲を予測するのに適

表1.6 最も遠い液状化発生地点までの震央距離
Table 1.6 Farthest liquefied sites from epicenter in each earthquake

地震番号	地震名	地震発生年月日	地震のマグニチュード	最も遠い液状化地点までの震央距離 km	地点名（文献中に記載されている地名）	リンクID（地震番号-地点番号）	重心経度（世界測地系）	重心緯度（世界測地系）
62		1889.7.28	6.3	11.96	熊本県上益城郡秋津村	62-2	130.769351	32.770068
63		1890.1.7	6.2	20.07	長野県南小川村	63-1	137.967123	36.632835
64	濃尾地震	1891.10.28	8.0	260.49	埼玉県成田村大字上之字清水尻簗場	64-220	139.406285	36.157929
65	（濃尾地震余震）	1892.1.3	5.5	23.01	愛知県名古屋市幅下町	65-1	136.892838	35.180638
67		1893.9.7	5.3	8.06	鹿児島県知覧村字永里小字中福良	67-1	130.441456	31.349265
68	（濃尾地震余震）	1894.1.10	6.3	19.61	愛知県太田村	68-3	136.891676	35.326311
69		1894.6.20	7.0	45.86	埼玉県笠原村	69-23	139.55604	36.066686
70	庄内地震	1894.10.22	7.0	55.64	秋田県本庄（荘）町内	70-6	140.048577	39.389206
71		1895.1.18	7.2	164.34	福島県猪苗代町	71-15	140.115475	37.563864
72	陸羽地震	1896.8.31	7.2±0.2	99.24	秋田県東雲村落合	72-38	140.022505	40.230108
73		1897.1.17	5.2	6.33	長野県小布施村大島	73-7	138.300226	36.690594
74		1897.2.20	7.4	157.93	岩手県花巻町	74-4	141.116331	39.386416
75		1898.4.3	6.2	26.29	長門国大津郡正明市	75-1	131.181403	34.367119
76		1898.4.23	7.2	115.84	岩手県花巻町	76-1	141.116606	39.388971
77		1898.5.26	6.1	6.90	新潟県六日町	77-1	138.877433	37.063172
78		1898.8.10	6.0	7.04	福岡県加布里村	78-9	130.162892	33.54695
80		1899.3.7	7.0	14.13	奈良県下北山村	80-1	135.962656	34.042204
81		1901.8.9	7.2	100.94	青森県五戸町	81-8	141.302545	40.522341
82		1904.5.8	6.1	6.48	新潟県五十沢村	82-1	138.934267	37.053048
83	芸予地震	1905.6.2	7.2	46.40	愛媛県今治	83-1	132.998969	34.063097
84	江濃(姉川)地震	1909.8.14	6.8	64.62	岐阜県帷子村大字東帷子字野内	84-108	137.00998	35.397775
85	秋田仙北地震	1914.3.15	7.1	11.75	秋田県強首村の対岸（雄物川右岸）	85-3	140.285239	39.564475
86		1922.12.8	6.9	17.51	長崎県西有家村	86-4	130.277899	32.661097
87	関東大地震	1923.9.1	7.9	140.45	茨城県新治郡石岡停車場前街路	87-288	140.278715	36.191201
88	北但馬地震	1925.5.23	6.8	22.30	京都府網野町	88-1	135.026967	35.680708
89		1925.7.4	5.7	12.92	鳥取県米子町灘町海岸	89-1	133.321174	35.433712
90	北丹後地震	1927.3.7	7.3	119.98	大阪府大阪市大正区鶴町	90-11	135.456302	34.640546
91		1927.8.6	6.7	113.77	宮城県涌谷町練牛	91-1	141.115084	38.509826
92	関原地震	1927.10.27	5.2	10.47	新潟県宮本村西田	92-1	138.747546	37.452548
93		1930.10.17	6.3	16.84	石川県小松町小松高等女学校運動場	93-2	136.446396	36.40911
94	北伊豆地震	1930.11.26	7.3	21.36	静岡県浮島村一本松～石川	94-1	138.775348	35.147466
95	西埼玉地震	1931.9.21	6.9	64.32	埼玉県三輪野村	95-28	139.878854	35.884451
96		1933.9.21	6.0	32.81	富山県伏木町	96-3	137.05437	36.79694
97	静岡地震	1935.7.11	6.4	9.60	静岡県清水市清水港埋立地海岸付近	97-1	138.493724	35.004765
98	河内大和地震	1936.2.21	6.4	21.94	大阪府堺市大浜海岸埋立地	98-14	135.46157	34.579581
99		1936.11.3	7.5	120.74	福島県小高町	99-1	141.01592	37.552565
100	男鹿地震	1939.5.1	6.8	39.10	秋田県秋田市新屋表町	100-11	140.081974	39.679119

101		1941.7.15	6.1	8.88	長野県豊洲村相之島	101-5	138.287999	36.674283
102		1943.3.4,5	6.2	13.92	鳥取県鳥取市	102-5	134.23274	35.503042
103	鳥取地震	1943.9.10	7.2	80.05	鳥取県米子市彦名町彦名新田	103-10	133.296858	35.441671
104	東南海地震	1944.12.7	7.9	269.00	静岡県清水市三保海岸吹合岬付近	104-19	138.530987	35.012324
105	三河地震	1945.1.13	6.8	65.11	愛知県津島市上新田町	105-8	136.710743	35.185569
106	南海地震	1946.12.21	8.0	377.24	大分県臼杵町海岸埋立地	106-8	131.808979	33.121611
107		1947.9.27	7.4	67.26	西表島白浜沖縄工務部西表開発団出張所	107-1	123.7493	24.359173
108	福井地震	1948.6.28	7.1	26.78	福井県鯖江駅付近	108-68	136.189259	35.943396
109	十勝沖地震	1952.3.4	8.2	206.65	北海道鵡川村鵡川沿岸の畑	109-3	141.943046	42.591461
110	大聖寺沖地震	1952.3.7	6.5	29.63	石川県湊村手取川埋立地	110-1	136.479295	36.469475
111		1955.7.27	6.4	7.35	徳島県上那賀町成瀬	111-1	134.275839	33.784922
112	二ッ井地震	1955.10.19	5.9	10.12	秋田県二ッ井町天神の七座営林署貯木場	112-1	140.260721	40.203041
113		1961.2.2	5.2	2.87	新潟県長岡市古正寺〜雨池	113-2	138.816441	37.467735
114		1961.2.27	7.0	108.89	鹿児島県隼人町住吉上川原の新川西岸堤防付近	114-2	130.74251	31.724796
115		1962.4.23	7.1	56.72	北海道池田町下河合	115-2	143.446622	42.911336
116	宮城県北部地震	1962.4.30	6.5	25.20	宮城県江合川沿岸寺浦（古川市）	116-7	140.983785	38.548966
117		1964.5.7	6.9	184.97	山形県遊佐町江地字出戸	117-11	139.875713	39.019057
118	新潟地震	1964.6.16	7.5	195.91	秋田県八郎潟西部承水路堤防	118-2	139.952853	40.035144
119	えびの地震	1968.2.21	6.1	4.68	宮崎県えびの町	119-2	130.76862	32.028584
120	1968年日向灘地震	1968.4.1	7.5	185.55	熊本県八代市昭和町干拓地	120-1	130.581617	32.561866
121	1968年十勝沖地震	1968.5.16	7.9	317.48	秋田県八郎潟南橋付近	121-55	139.970823	39.963788
122	1973年6月17日根室半島沖地震	1973.6.17	7.4	130.38	北海道釧路西港	122-3	144.347644	42.999343
123	伊豆大島近海地震	1978.1.14	7.0	37.34	静岡県天城湯ヶ島町持越鉱業所	123-1	138.867362	34.888786
124		1978.2.20	6.7	125.67	宮城県仙台市中村	124-1	140.938997	38.199767
125	宮城県沖地震	1978.6.12	7.4	119.83	宮城県築館町遠ノ木迫川堤防	125-55	141.023986	38.746477
126		1982.3.21	7.1	140.21	北海道札幌市清田区清田7条3丁目1番地,5番地	126-17	141.431541	42.991215
127	日本海中部地震	1983.5.26	7.7	227.25	北海道茅部郡森町字駒ヶ岳	127-165	140.63345	42.031213
128	（日本海中部地震余震）	1983.6.21	7.1	126.64	青森県金木町蒔田	128-6	140.428221	40.898168
129		1987.12.17	6.7	79.30	神奈川県三浦市金田	129-170	139.659498	35.158895
130	平成5年(1993年)釧路沖地震	1993.1.15	7.5	353.72	八戸市八戸港ポートアイランド予定地北西端	130-268	141.524598	40.537628
131		1993.2.7	6.6	29.61	珠洲市宝立町鵜飼の見附レストハウス	131-1	137.24417	37.397434
132	平成5年(1993年)北海道南西沖地震	1993.7.12	7.8	228.40	青森県西津軽郡車力村大字牛潟字大田光の住宅	132-454	140.351473	40.920496
133	平成6年(1994年)北海道東方地震	1994.10.4	8.2	374.27	北海道広尾郡広尾町十勝港第3埠頭くみあいサイロ周辺	133-95	143.321881	42.299677
134	平成6年(1994年)年三陸はるか沖地震	1994.12.28	7.6	238.14	青森県上北郡十和田湖町宇樽部	134-3	140.936063	40.446573
135	平成7年(1995年)兵庫県南部地震	1995.1.17	7.3	93.49	滋賀県草津市矢橋町	135-83	135.924497	35.009185

136		1997.3.26	6.6	20.05	鹿児島県川内市港町税関支所の西側	136-19	130.192854	31.858664
137		1997.5.13	6.4	20.04	鹿児島県薩摩郡入来町副田6616付近	137-10	130.437535	31.812761
138		1999.2.26	5.3	15.93	山形県飽海郡遊佐町大字江地字出戸	138-3	139.875876	39.019428
139	平成12年(2000年)鳥取県西部地震	2000.10.6	7.3	89.60	岡山県倉敷市玉島乙島8256-74 山崎プラント玉島工場	139-406	133.673413	34.509081
140	平成13年(2001年)芸予地震	2001.3.24	6.7	45.60	愛媛県東予市今在家928付近畑地	140-12	133.119564	33.92637
141		2003.5.26	7.1	129.69	福島県相馬市松川浦磯部漁港後背地荷揚場	141-18	140.981425	37.778347
142		2003.7.26	6.4	14.28	宮城県桃生郡桃生町神取字西八反崎の江合川右岸畑地	142-19	141.215966	38.533274
143	平成15年(2003年)十勝沖地震	2003.9.26	8.0	255.82	北海道札幌市清田区清田七条3丁目1番地5番地	143-149	141.431541	42.991215
144	平成16年(2004年)新潟県中越地震	2004.10.23	6.8	42.32	新潟県燕市大字東太田2776	144-941	138.917738	37.668732
145		2004.11.29	7.1	44.36	北海道根室市花咲港の東側-7.5m岸壁背後地	145-1	145.583581	43.281721
146		2005.3.20	7.0	25.72	福岡県福岡市博多区石城町	146-30	130.404469	33.603619
147		2005.8.16	7.2	120.53	福島県相馬市原釜尾浜の松川浦原釜漁港	147-2	140.96926	37.821734
148	平成19年(2007年)能登半島地震	2007.3.25	6.9	58.57	石川県珠洲市正院町正院	148-4	137.289504	37.444007
149	平成19年(2007年)新潟県中越沖地震	2007.7.16	6.8	40.74	新潟県上越市柿崎区坂田新田	149-1	138.365747	37.249232
150	平成20年(2008年)岩手・宮城内陸地震	2008.6.14	7.2	44.50	宮城県大崎市岩出山下野目小泉西大崎駅前	150-1	140.888307	38.629837

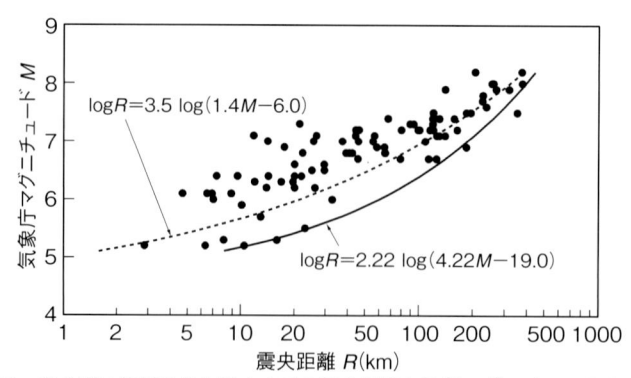

図 1.16 最も遠い液状化発生地点までの震央距離と地震マグニチュードとの関係

Fig.1.16 Epicentral distance to the farthest liquefied sites, R, in km for JMA magnitude M

している．

6.5 液状化が起きやすい土地

液状化は地下水位以下の緩い砂質土で起こる現象である（粘性が弱いシルトや緩く堆積した砂礫地盤で起こることも稀にある）．どの程度の地下水位深さで，どの程度の緩さで起きるかは，地盤の液状化に対する抵抗力と地震動の強さとの関係で決まるので一概にはいえない．また，砂の緩さが同じでも地下深いところにある土ほど液状化しにくくなる．液状化がどの程度の地震動で起こり始めるかは，その地点のボーリングデータ等を用いて数値解析を行って判定する必要がある．ここでは，本書に掲載した約1万6500地点の液状化の履歴に基づき，液状化がとくに起こりやすい土地について述べる．

図1.17と図1.18は，わが国有数の平野である関東平野と濃尾平野の液状化履歴地点と微地形区分データ[34]を重ね合わせたものである．図が小縮尺で読み取りにくいが，液状化地点は，凡例中10〜20および22の低地と呼ばれる微地形区分や干拓地・埋立地などの人工造成地で発生している．これに対して，1〜6の山地・丘陵・火山地帯や，7〜9の台地と呼ばれる微地形区分ではまったく発生していない．これらの微地形区分と地層の堆積年代との関係を見ると，低地の表層には完新統と呼ばれる今から1万年前以降にできた地層が堆積しており，1〜9の山地，丘陵，火山地，台地等は，それ以前にできた地層からなる．以上から，地質的に見ると完新統と最近の人工造成地の表層に液状化の可能性がある土が堆積しているといえる．

図1.19は，日本の国土の地形区分の構成割合を示したものである．図では，図1.17と図1.18の凡例中の1の山地と2の山麓地を「山地」として統合し，4〜6の火山関連の微地形区分を「火山地」としている．また，7〜9を「台地」，10〜18を「低地」，19〜20を「埋立地・干拓地」，21〜22を「その他」としている．図を見ると，液状化の可能性のある低地と埋立地・干拓地は，全国土の14%であることがわかる．

全国の液状化地点を微地形区分に着目して整理すると，以下の条件に該当するところでは，液状化の履歴が多く，また，震度4ないし震度5弱といった小さい震度で液状化が発生した事例が多い．

① 若い埋立地
② 旧河道（昔の川筋）
③ 大河川の沿岸（とくに氾濫常襲地）
④ 海岸砂丘の裾・砂丘間低地
⑤ 砂鉄や砂礫を採掘した跡地の埋戻し地盤
⑥ 沢埋め盛土の造成地
⑦ 過去に液状化の履歴がある土地

すなわち，地盤が人工的に改変された土地，川筋の変動や氾濫によって新しく土砂が堆積した場所，風で運ばれた砂が堆積している土地（砂丘地帯）のうち地下水位が浅い場所である．1章で述べた (1) 主に砂で構成され，緩く堆積した地層（堆積後，年月を経過していない若い地層），(2) 地下水以下の地層（地下水位が浅い土地）の条件を満たす土地ということになる．

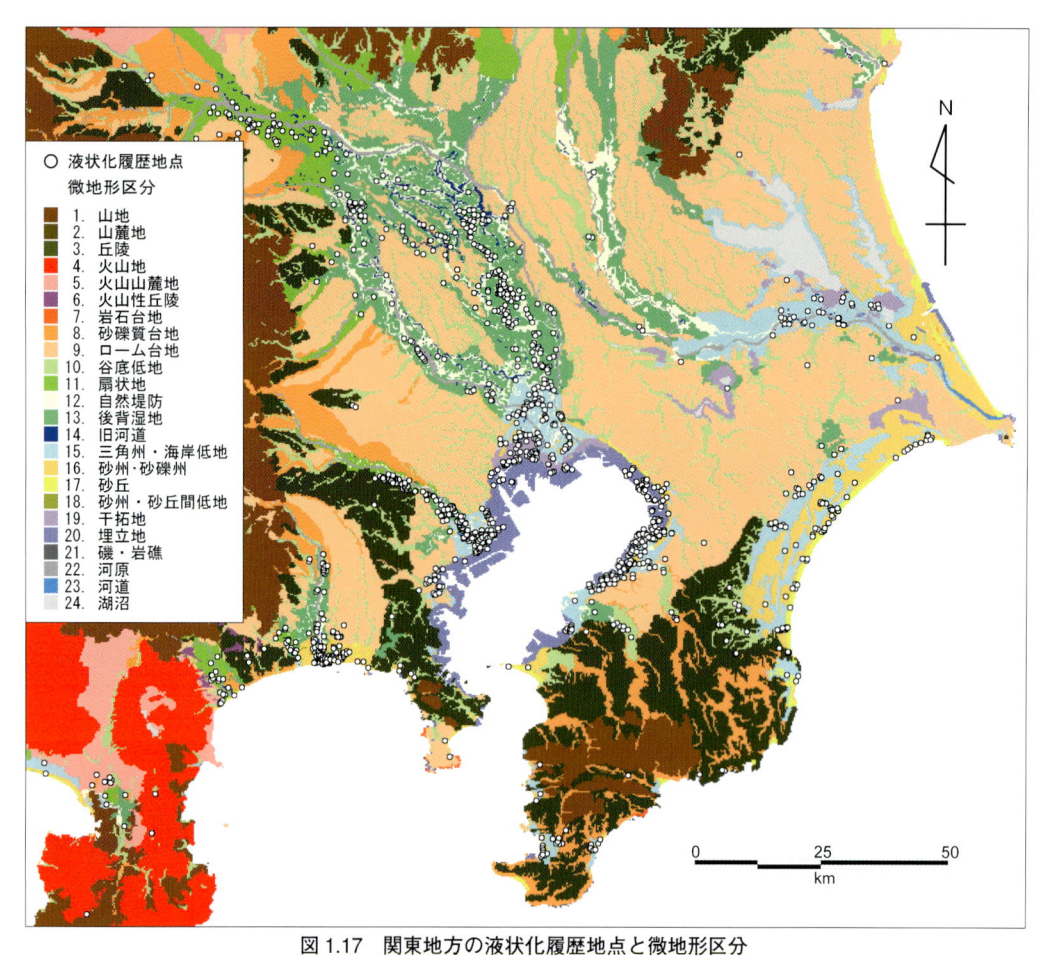

図 1.17 関東地方の液状化履歴地点と微地形区分
Fig.1.17 Distributions of liquefied sites and geomorphological land classification in Kanto area

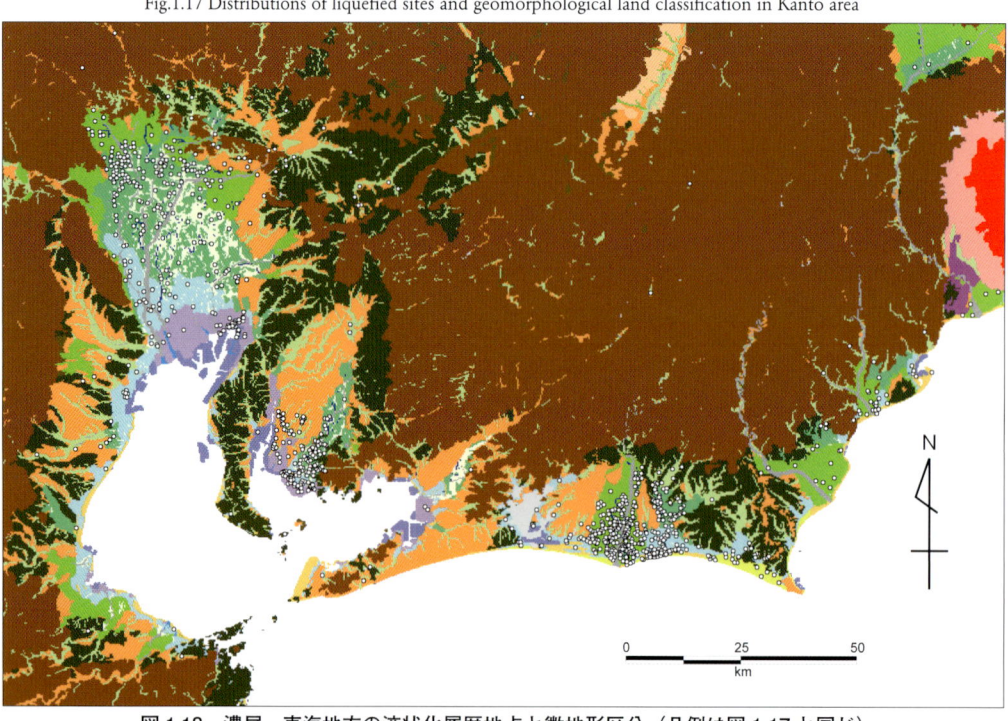

凡例:
○ 液状化履歴地点
微地形区分
1. 山地
2. 山麓地
3. 丘陵
4. 火山地
5. 火山山麓地
6. 火山性丘陵
7. 岩石台地
8. 砂礫質台地
9. ローム台地
10. 谷底低地
11. 扇状地
12. 自然堤防
13. 後背湿地
14. 旧河道
15. 三角州・海岸低地
16. 砂州・砂礫州
17. 砂丘
18. 砂州・砂丘間低地
19. 干拓地
20. 埋立地
21. 磯・岩礁
22. 河原
23. 河道
24. 湖沼

図 1.18 濃尾・東海地方の液状化履歴地点と微地形区分（凡例は図 1.17 と同じ）
Fig.1.18 Distributions of liquefied sites and geomorphological land classification in Nobi and Tokai areas

以上は，液状化が生じやすい土地か否かおおまかに判断する場合の条件であるが，微地形区分と液状化の発生の関係については，文献 35)～38) に詳しく解説されている．

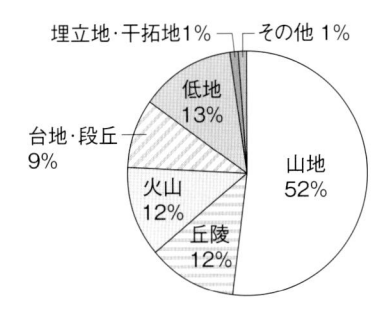

図 1.19　日本の国土の地形区分の構成割合 [34]
Fig.1.19 Constitution of terrain classification for Japan

7. 液状化と地名

　昔から伝わった地名には，地形・地質・自然界の現象など自然環境を反映したものが多い．自然災害に関連したものでは「崩れ」「抜け」「がれ」「ほき」など，地すべりを表す地名がよく知られている．液状化は，1964年の新潟地震を契機として広く認識されるようになった現象であり，これまでに地名との関連で分析されたことはなかった．しかし，液状化履歴地点の地名には，液状化を生じやすい地盤や地形を反映しているものが多い．付属DVD-ROMに収録されている Part 3「液状化履歴地点のカタログ」の中から，地盤・地形条件に関連した地名を分類すると，表 1.7 のようになる．

　なお，地名のルーツには諸説あり，以下で述べる地名も土地条件以外を表すという見方もあると思われるが，以下は液状化が生じやすい土地条件に特化して地名を整理したものであることをお断りしておく．

7.1　地下水が浅いことを示す地名

（1）　低湿地を示す地名

　池・沼・潟などのつく地名をはじめとして，「あか（赤・明）」や「やち（谷地・萢）」は，水面や湿地を表す言葉である．これらの字がつく地名は，後背湿地・潟湖や池沼跡・砂丘間低地・谷底低地などのうち，とくに低湿な土地と考えてよい．

（2）　湿性植物にちなむ地名

　芦・芹・菅・蒲・菱など湿性植物にちなんだ地名も，地下水位が浅く水はけが悪い土地を示している．液状化履歴地点の中で樹木に関連した地名で最も多かったのは，「柳」である．柳は湖畔など水辺に見られる木として親しまれているように湿潤な土地に育つ．

（3）　湧水地点を示す地名

　泉・和泉・清水などのつく地名は，丘陵や台地崖に沿った地域，扇状地や砂丘の末端部，砂丘間低地などに多く，湧き水に由来する地名である．また，地名ではないが，城郭は湧水がある土地に立地することが多く，小田原城，駿府城をはじめとして城郭付近で液状化を生じた例

表 1.7　地盤条件や地形条件と関連がある液状化履歴地点の地名の実例（文献 1）に加筆）
Table 1.7 Examples of ground and/or terrain conditions-related site names

大分類	小分類	地名の実例
地下水位が高い（浅い）ことを示す地名	低湿地を示す地名	鴨ヶ池, 大池, 円池, 清水池, 綿内池, 玉の池, 桜ヶ池, 新池, 鵜ヶ池, 菱池, 熱池, 雨池, 女池, 牛潟池, ニテコ池, 山ヶ池, 昆陽池, 満池谷, 寺池, 蓮池, 尻池, 堀池, 下の池, 池ヶ原, 池清水新田, 池之島, 佐藤池, カモ池, 鵜沼, 沼目, 赤沼, おがせ沼, 長沼, 平沼, 内沼, 沼影, 下沼部, 鵠沼, 妻沼, 男沼, 沼尻, 長節沼, ひょうたん沼, 三平沼, ポロト沼, 監沼, 三頭沼, ツブ沼, 沼崎, 平滝沼, 蓮沼, 茅沼, 大沼, 温根沼, 下沼, 河北潟, 象潟, 新潟, 内潟, 牛潟, 蓮潟, 赤浦潟
		岡の谷地, 丸谷地, 野谷地, 仁助谷地, 西谷地, 鷺谷地, 上谷地, 大谷地, 八郎谷地, 釜谷地, 奥尻谷地, 青森谷地, 浜名谷地, 鶴間谷, 下蓙, 富蓙, 蓙原, 広蓙, 大谷, 小谷, 内谷, 金谷, 保土ヶ谷, 長谷, 神明谷, 西谷, 伴谷, 山谷, 鳥谷, 谷口, 上谷, 下谷, 堂谷, 安馬谷, 行ヶ谷, 行谷, 四谷, 四ッ谷, 大谷田, 糀谷, 川田谷, 入谷, 谷西, 涌谷, 田谷, 駒ヶ谷, 青谷, 桜谷, 百谷, 松ヶ谷, 山田ヶ谷, 木ヶ谷, 寺谷, 西之谷, 志篭谷, 広谷, 深谷, 塩谷, 細谷, 田谷沢, 北之幸谷, 余津谷, 磯谷, 加賀谷, 満池谷, 柴谷, 出ヶ谷, 池田谷, 滝谷, 神谷, 吉谷, 千谷, 赤谷葵, 仁田, 北ノ窪, 七窪, 荊窪, 久保田, 久保, 大久保, 足久保
		赤沼, 赤須賀, 赤淵, 赤岩, 赤崎, 赤浦潟, 赤子田, 赤渋, 赤石, 赤井川, 赤瀬川, 赤江, 赤谷葵
	湿性植物にちなむ地名	芹田, 芹川, 荒茅, 茅沼, 萱間, 芦渡, 大芦, 芦原, 芦崎, 芦野, 蘆原, 小菅, 菅苅, 菅原, 菅, 菅野, 荻島, 荻園, 荻原, 荻伏, 菱池, 菱潟, 蓮池, 蓮地, 蓮町, 蓮野, 蓮田, 菖蒲, 柳原, 柳生, 平柳, 八柳, 三本柳, 柳津, 柳瀬, 青柳, 柳島, 高柳, 柳古新田, 柳橋, 笠柳, 柳川, 柳崎, 並柳, 上柳
	湧水地点を示す地名	中泉, 小泉, 泉町, 泉村, 長泉, 温泉津, 和泉, 温泉, 温湯, 泉田, 北泉, 今泉, 光泉, 泉南, 泉新田, 清水, 新清水, 清水尻, 清水池, 清水新田, 井戸, 亀井戸, 井戸場, 井戸野浜
若齢な地盤であることを示す地名	新開地を示す地名	派立, 羽立, 興野, 蜘手興野, 狐興野, 下興屋, 新田, 福原新田, 泉新田, 萩島新田, 曽根新田, 脇川新田, 古川新田, 速水新田, 下関新田, 高山新田, 三貫地新田, 大島新田, 代官島新田, 井戸場新田, 貝喰新田, 田中新田, 川原新田, 辰見新田, 野寿田新田, 米津新田, 四十瀬新田, 奥田新田, 明治新田, 吉田新田, 根古地新田, 福豊新田, 海地新田, 鹿浜新田, 赤淵新田, 沢新田, 安田新田, 川久保新田, 平太夫新田, 笹塚新田, 庄右衛門新田, 上大増新田, 萩園新田, 中新田, 上新田, 彦名新田, 下新田, 清水新田, 神子新田, 池寺谷新田, 塩伊兵衛新田, 稲永新田, 富好新田, 当新田, 法柳新田, 坂野辺新田, 中条新田, 西野新田, 松ヶ崎新田, 新宮新田, 広岡新田, 浜池新田, 蓮潟新田, 犬帰新田, 笠巻新田, 論瀬新田, 戸田新田, 山島新田, 柳原新田, 押切新田, 星野新田, 池中新田, 川井新田, 並木新田, 灰島新田, 大曲戸新田, 下沼新田, 佐藤池新田, 割町新田, 真野代新田, 北新田, 長崎新田, 滝谷新田, 下大新田, 中野新田, 虫見新田, 岡新田, 海士ヶ島新田, 柳古新田, 黒土新田, 今町新田, 水尾新田, 下原新田, 竹俣新田, 坂田新田, 横場新田, 東笠巻新田
	氾濫を示す地名	押切, 押堀, 押立, 袋, 川合, 河合, 川増, 曲沢, 大曲, 曲渕
	埋立地・造成地を示す地名	築地, 末広町, 真金町, 翁町, 高砂, 緑町, 緑ヶ岡, 緑ヶ丘, 翠ヶ丘, 美しが丘, 鶴ヶ丘
砂質地盤または地下水位が浅い砂質地盤であることを示す地名	砂地を示す地名	砂川原, 砂山, 砂子坂, 砂見, 真砂, 砂下り, 砂田, 小砂川, 砂越, 砂原, 砂河原, 砂子, 前砂, 砂町, 砂崎, 砂森, 砂奴寄, 黒砂, 砂場, 砂川, 吹上
	自然堤防や中州を示す地名	中の島, 中之島, 中野島, 中乃島, 川島, 荻島, 小島, 大島, 堂島, 福島, 中島, 相之島, 川中島, 丹波島, 出島, 平島, 連島, 中田島, 三島, 牛島, 犬島, 粟島, 草島, 島, 米島, 枇杷島, 八島, 気子島, 太田島, 八栄島, 飯島, 屋島, 荻島, 杉ノ木島, 中洲島, 前島, 松ヶ島, 網島, 柳島, 日島, 向島, 八斗島, 矢島, 都島, 西島, 北島, 松島, 松之木島, 弥藤太島, 西之島, 海老島, 中田島, 寺島, 岡島, 松木島, 酒手島, 養ヶ島, 藤島, 五領島, 雄島, 小津島, 出来島, 大中島, 山島, 小中島, 牛島, 豊島, 茨島, 扇島, 清久島, 西島, 新島, 小津島, 出来島, 姫島, 丸島, 荒島, 富島, 釜ヶ島, 高島
	自然堤防を示す地名	曽根, 矢曽根, 針曽根, 小曽根, 貝曽根, 曽根市場, 桑野木田, 高須, 須賀, 加々須野, 高野, 川藤（縁）
	河原・河岸・旧河道を示す地名	川部, 川内, 川辺, 鵜渡川原, 河原, 金川原, 川田, 川端, 川跡, 高河原, 川久保, 川間, 川通, 古川, 堤下, 下川原, 下河原, 上川原, 中川原, 古川端, 大川端, 水門通, 古川通, 新川岸, 川尻, 川岸, 渡場, 前渡, 渡前, 四居渡, 芦渡, 合渡, 大師渡, 渡田, 堤外, 中瀬, 小和瀬, 大瀬, 島瀬, 渡沢
	海岸や河口を示す地名	浜, 下浜, 大浜, 浜の田, 浜浅内, 松ヶ崎浜, 浜村, 浜黒崎, 浜原, 小浜, 絹巻浜, 塩浜, 千浜, 荒浜, 菊浜, 大淵浜, 浜辺, 浜原, 仁保裏, 和泉浜, 宮野浦, 下ノ江, 沖州, 州崎, 出州, 州賀, 船場町, 船付, 入船, 早船

はいくつかある.

7.2 若齢な地盤であることを示す地名

（1） 新開地を示す地名

新田・興屋・派立は,荒れ地や湿地などを新たに開墾したところに付けられる地名である. 表1.7 に掲げた地名のうち,「明治新田」や「吉田新田」,「小右衛門新田」などは開墾された時期や人の名前にちなんだ地名であるが,「海地新田」「塩新田」「浜新田」などは,海辺の干拓地であろう.「塩新田」は,塩田を目的として干拓された土地と推定される.「河原新田」「沢新田」「曽根新田」は,土地の元の地形を表している.

（2） 氾濫を示す地名

川が氾濫すると,川によって上流から運ばれてきた土砂が沿岸に堆積し,新しい地盤が形成される. 液状化履歴地点には,「押切（おしきり）」「押堀（おっぽり）」「川内」などの破堤・氾濫を示唆する地名が少なくない. 河川の合流を示す「川合」「落合」,曲流を示す「曲沢」「大曲」は,氾濫が起こりやすい場所であることを示す地名といえよう.

（3） 埋立地・造成地を示す地名

最近の地震で液状化の事例が最も多いのは埋立て地盤である. 埋立て地盤は,人工的に造成された地盤であり,埋立て材料として砂が用いられることが多い. 締固めなどの地盤改良が講じられない限り,緩い砂地盤と考えてよい.

埋立地や干拓地は,新しく立地した町の繁栄を願っておめでたい言葉を表す町名が付けられることが多かった. その一例として,1923年の関東大地震で液状化が発生した横浜市鶴見区末広町,中区真金町があげられる. 安政6年（1859年）の横浜開港までは,干潟や湿地帯であったところであり,明治期に干拓されたり埋立てられた地域である.

また,液状化の事例が多い造成地の地名として,「緑」のつく地名が多い.「液状化履歴地点のカタログ」には,墨田区緑町,足立区千住緑町,春日部市緑町,座間市緑ヶ丘,岡山市築港緑町,むつ市緑町団地,釧路市緑ヶ岡,能代市緑町,茂原市緑町,北海道乙部町緑町,芦屋市緑町,長岡市緑町と全国12カ所の緑町が登場する. これは「緑」が地盤条件と直接関係しているのではなく,新しい造成地にはイメージのよい町名がつけられるためである.

釧路市緑ヶ岡では,6.2で述べたように30年間に4回の地震で液状化が起きている. 東京下町の墨田区緑町では,1894年東京湾北部の地震と1923年関東大地震の両方で液状化が発生した記録がある. 墨田区緑町は,元々は河岸沿いの空地だったが,江戸時代にいくつかの町が火災の延焼を防ぐための火除地として没収された際に,それぞれの町の代替地として与えられできた町である. めでたい松の緑に因んで緑町と命名されたとのことであり,まさに緑町の草分け的存在である.

また,札幌市美しが丘では2003年十勝沖地震の際に,震央から約250 km離れ,震度4と揺れが小さかったにもかかわらず,多数の住宅に深刻な液状化被害が発生した. ここは支笏火山の火山山麓地で,1987年頃宅地造成が行われたとのことであるが,液状化被害が発生した場所は沢を埋めた盛土地盤であり,地形的に見ると「丘」とは言い難いところであった.

7.3 砂質地盤または地下水位が浅い砂質地盤であることを示す地名

砂質地盤を示す地名には，その土地が砂地であることを直接示す地名と，砂質地盤に関連した微地形を表す地名に大別される．

(1) 砂地を示す地名

「砂」という字は，「原」「川」「山」「河原」など地形を示す言葉と組み合わさって地名となることが多い．たとえば，東京都葛飾区には，かつて「砂原」という字名があった（現在は葛飾区亀有の一部）．地元の人によれば，砂地のため地元で「すなっぱら」と呼ばれていたのが地名の由来とのことである．400年以上前に利根川の流路となっていた場所で，利根川が運搬してきた砂が多量に堆積し厚い砂地盤を形成しており，地名との因果関係がわかる．

「砂山」は，砂地の微高地，すなわち砂丘などを示す地名である．「吹上」とは風が吹き上げるところの意であり，転じて風が砂を吹き上げる「風成砂」が堆積するところ，また近世以降では浚渫による埋立地を指すこともある．

(2) 自然堤防や中州を示す地名

内陸部であるにもかかわらず「島」のつく地名に出会うことが度々ある．島は低地の中の微高地，すなわち自然堤防を示すことが多い．自然堤防とは川の氾濫土砂のうち砂など粗粒な土が川の両岸に堆積してできた微高地を表す地形用語である．

河川の中州は川の中の「島」であり，表1.7を見ても「川中島」「中洲島」などの微地形を表す言葉がそのまま地名となっているところがある．この中州は河道が他へ移動して旧河道になった後も微高地として残るため，自然堤防と同様「島」のつく地名で呼ばれている．液状化履歴地点の中では，岐阜県を流れる長良川や長野県の千曲川と犀川の扇状地に「島（嶋）」のつく地名が多い．

以上のほか，自然堤防を示す地名としては「そね」がある．「曽根新田」は，自然堤防やその周辺を開墾したところと思われる．また，自然堤防は水はけがよいため，わが国で養蚕が盛んだった時代に桑畑として利用されていた．このため自然堤防には「桑」のつく地名も見られる．

(3) 河原・旧河道などを示す地名

液状化履歴地点の地名の中で，「島」と並んで多いのが「川」「渡」など河川に因んだ地名である．「古川」「川跡」「川久保（川窪）」は旧河道を示唆する地名である．また現在は近くに川がないのに「川端」などと呼ばれるところは，かつては川が流れていたと考えてよい．「堤外」とは堤防の外側（川側）の土地のことであるが，これがそのまま地名になっているところもある．川の流れや河床の地質を表す「瀬」のつく地名も，河原（河川敷）を示すことが多い．

(4) 海岸や河口を示す地名

「浜」や「浦」は一般に海岸や海辺を表している．「浜」「州（洲）」は浜堤や砂州（波浪や沿岸流により運ばれた砂が堆積してできた地形）を示唆する地名である．「州（洲）」は中州や三角州（デルタ）を示す地名でもあり，大河川の河口部付近には「州」や「須」のつく地名や，水上交通の要地であることを示す「船場」「入船」などの地名が多い．

以上で例にあげた地名は，冒頭でも述べたようにすべて「液状化履歴地点のカタログ」に登場する地名である．いずれも液状化発生の必要条件，すなわち（1）主に砂で構成され，緩く堆積した地層，（2）地下水以下の地層（地下水位が浅い土地）のいずれかを示唆する地名である．液状化履歴地点のカタログ中に登場する「赤沼村川原新田（長野市）」，「相之島小字押堀（須坂市）」，「曲沢村川原下（由利本荘市），「八柳村小字砂山（秋田市）」，「川辺村大字赤崎字古川通（春日部市）」などは，液状化を生じやすい地盤条件を端的に表している好例であろう．

8. 2009年8月の駿河湾の地震による液状化

　2009年8月11日に駿河湾を震源とする地震が発生した．静岡県伊豆市，焼津市，牧之原市，御前崎市では震度6弱が観測された[39]．気象庁発表による暫定的な震源要素は以下の通りである[39]．

- ・発生時刻：2009年8月11日5時7分
- ・震央：北緯34度47.1分，東経138度29.9分
- ・震源深さ：23 km
- ・規模：M 6.5

　震源に近い静岡県西部沿岸地域では，液状化が発生した．この地震による液状化地点は，編集作業の時間的制約から本書の液状化履歴地点データとしては，取り上げることができなかった．そこで，ここではこの地震による液状化の発生について，文献40）と41）に基づき簡単に解説する．

　液状化の発生が確認された場所と液状化の状況を**表1.8**に，液状化地点の分布を**図1.20**に示す．詳細な位置については，文献40）と41）を参照いただきたい．液状化現象の痕跡は，近傍で震度6弱が観測された焼津市，吉田町，牧之原市，御前崎市の4つの地域で確認された．液状化による構造物の重大な被害は報告されていない．

　以下に，噴砂がとくに激しかった牧ノ原市須々木の畑と御前崎港の状況について述べる．

　表1.8のNo.10の牧ノ原市須々木の畑では，国道150号線よりの海側の畑で，約80 m×200 mの範囲に直径10～140 cm，深さ3～65 cm，噴砂の広がり1～5 m程度の噴砂が合計29カ所認められた．畑で農作業を行っていた人によると，噴砂の起こった畑は土地が低かったので10年位前に外部から土砂を持ち込んで2 mほど埋立て，その上に約1 m砂を乗せた．埋立てをしなかった場所は噴砂がなかった，とのことである[40]．

　表1.8のNo.11の御前崎港では，北側の最も新しい埋立地の9カ所に噴砂が認められた．直径10数メートルのきわめて大きな噴砂の跡もあり，岸壁の沈下や海側への移動が随所に確認された[41]．

　液状化発生地点の地形条件を**表1.8**に示す．噴砂が激しかった上記の2カ所を含め人工地盤が大部分であるが，一部では自然地盤と考えられるところでも起こっている．

表 1.8 2009 年駿河湾の地震による液状化発生地点（No.10 は文献 40），その他は文献 41）を基に作成，地形条件は著者による）
Table 1.8 Liquefied sites during the Suruga Bay earthquake of August 11, 2009

No	液状化（噴砂）地点	液状化の状況	地形条件
1	静岡県焼津市城之腰焼津港	2 カ所で噴砂	埋立地
2	静岡県焼津市焼津港鰯ヶ島深層水ミュージアム	噴砂、深層水の貯水施設の浮き上がり	埋立地
3	静岡県焼津市焼津港鰯ヶ島親水広場	2 カ所で噴砂	埋立地
4	静岡県焼津市飯淵55喜徳庵	墓地内で噴砂，墓石の沈下・傾斜	扇状地
5	静岡県榛原郡吉田町吉田漁港	噴砂	埋立地
6	牧之原市片浜相良平田港	噴砂、公衆トイレの傾斜、周辺地盤の沈下	埋立地
7	牧之原市片浜	浄化槽浮き上がり（10 数件）	詳細位置不明
8	静岡県牧之原市福岡 62 浄心寺	墓地内で噴砂	砂丘の裾
9	静岡県牧之原市相良 149 心月寺	墓地内で噴砂	三角州・海岸低地
10	静岡県牧之原須々木国道 150 号線より海側の畑	噴砂	砂州背後の凹地の埋立地
11	御前崎市（一部牧之原市）御前崎港	北側の埋立地 9 カ所で噴砂、岸壁の沈下・海側への移動	埋立地

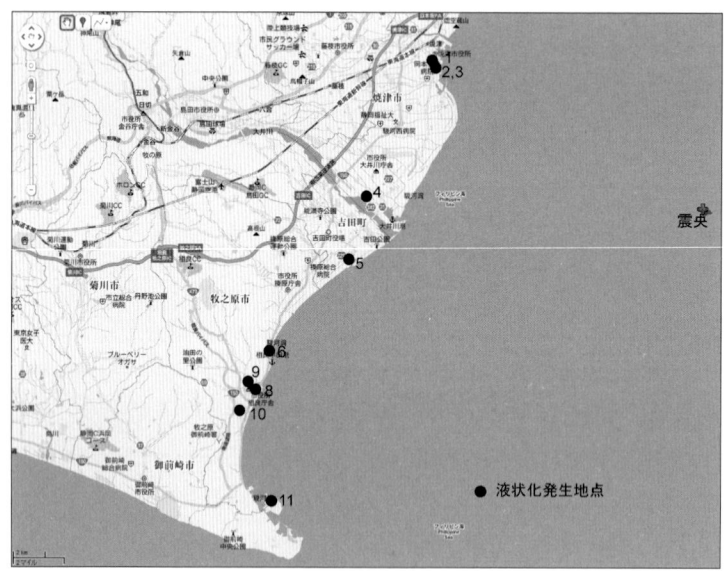

図 1.20 2009 年駿河湾の地震による液状化発生地点の分布（液状化地点 10 は文献 40）による．その他は文献 41）による．背景図に Google map を使用）

Fig.1.20 Distribution of liquefied sites listed in Table 1.8 (No.10 is based on ref. 40 and the rest are based on ref. 41, Google map is used as base map)

第 1 部の参考文献

1) 若松加寿江（1991）：日本の地盤液状化履歴図，東海大学出版会，341pp.
2) 若松加寿江（1991）：日本の地盤液状化地点分布図，東海大学出版会.
3) 建設省建築研究所（1965）：新潟地震による建築物の被害―とくに新潟市における鉄筋コンクリート造建物の被害について―，建築研究報告，No.42，180pp.
4) Mogami, T. and Kubo, K. (1953): The behavior of soil during vibration. Proc., 3rd Int. Conf. on Soil Mechanics and Foundation Engineering, pp.152-155.

5) 古藤田喜久雄，若松加寿江（1974）：地盤の震害，建築技術，274，pp.255-270.
6) 栗林栄一，龍岡文夫，吉田精一（1974）：明治以降の本邦の地盤液状化履歴，土木研究所彙報，建設省土木研究所，180pp.
7) 宇佐美龍夫（2003）：最新版日本被害地震総覧［416］-2001［付］安政江戸地震大名家被害一覧表，東京大学出版会，605pp.
8) 気象庁 HP：http://www.jma.go.jp/jma/kishou/intro/gyomu/index2.html
9) 東京気象台（1986）：明治18年地震報告，29pp.
10) 文部省震災豫防評議会編（1941～1943）：増訂大日本地震史料第1～第3巻，文部省震災豫防評議会.
11) 武者金吉（1951）：日本地震史料，毎日新聞社.
12) 東京大学地震研究所編（1981～1994）：新収日本地震史料，第1～5巻，別巻，補遺，補遺別巻，続補遺，続補遺別巻，東京大学地震研究所.
13) たとえば，寒川　旭（1992）：地震考古学，中公新書1096，中央公論社，251pp.
14) 気象庁（2010）：気象庁震源カタログ（1923～2008），地震年報平成20年，DVD-ROM.
15) 若松加寿江，久保純子，松岡昌志，長谷川浩一，杉浦正美（2005）：日本の地形・地盤デジタルマップ（CD-ROM 付），東京大学出版会，104pp.
16) 若松加寿江（1996）：地震災害を知る・防ぐ，自然災害を知る・防ぐ（第2版），古今書院，pp.10-58.
17) Yasuda, S. and Tohno, I（1988）：Sites of reliquefaction caused by the 1983 Nihonkai-Chubu earthquake, Soils and Foundation, 地盤工学会，Vol.28, No.2, pp.61-72.
18) Youd, T. L.（1984）：Recurrence of liquefaction at the same site, Proc., 8th World Conf. on Earthquake Engineering, San Francisco, Vol. 3, pp.231-238.
19) 若松加寿江，久保純子（1999）：1999年2月26日の秋田県沖の地震とその被害，土と基礎，Vol.47, No.8, pp.36-37.
20) Wakamatsu, K and Yoshida, N.（2009）：Ground failures and their effects on structures in Midorigaoka district, Japan during recent successive earthquakes, Earthquake Geotechnical Case Histories for Performance-based Design, CRC Press, pp.159-176.
21) 須賀堯三，佐々木　康，塩井幸武（1983）：河川堤防の被害，1978年宮城県沖地震災害調査報告，土木研究所報告，第159号，pp.169-200.
22) 國生剛治（2005）：液状化現象—巨大地震を読み解くキーワード，山海堂，269pp.
23) 安田扶律，南荘　淳，藤井康男，久保田耕司（1995）：埋め立て地盤における液状化特性と強度の検討，液状化メカニズム・予測法と設計法に関するシンポジウム，地盤工学会，pp.413-418.
24) 安田　進（1988）：液状化の調査から対策工まで，鹿島出版会，pp.18-27.
25) 山口　晶，吉田　望，飛島善雄（2008）：再液状化メカニズムに関する実験的研究，日本地震工学会論文集，第8巻，第3号，pp.46-62.
26) Schmertmann, J. H.（1991）：The mechanical aging of soils, J. of GT, ASCE, Vol. 117, No.9, pp.1288-1330.
27) Yasuda, S., Wakamatsu, K. and Nagase, H.（1994）：Liquefaction of artificially filled silty sands, failures under seismic conditions, ASCE Geotechnical Special Publication, Vol.44, pp.91-104.
28) 若松加寿江（1998）：わが国における液状化履歴（1885～1997）とその特徴，第33回地盤工学研究発表会発表論文集，pp.905-906.
29) 気象庁：推計震度分布，http://www.seisvol.kishou.go.jp/eq/suikei/
30) 産業技術総合研究所：地震動マップ即時推定システム，QuiQuake/QuakeMap, http://qq.ghz.geogrid.org/
31) Ambraseys, N. N.（1988）：Engineering Seismology, Earthquake Engineering and Structural Dynamics, Vol.17, pp.1-105.
32) 国際地盤工学会・地震地盤工学委員会（TC-4）（1998）：地震による地盤災害に関するゾーニングマニュアル，地盤工学会，155pp.
33) 若松加寿江（1993）：わが国における地盤の液状化履歴と微地形に基づく液状化危険度に関する研究，早稲田大学学位論文，244pp.
34) 若松加寿江，松岡昌志（2008）：地形・地盤分類250mメッシュマップ全国版の構築，日本地震工学会大会-2008梗概集，pp.222-223.（データは地震ハザードステーション HP：http://www.j-shis.bosai.go.jp/ で公開）
35) 若松加寿江（1992）：詳細な微地形分類による地盤表層の液状化被害可能性の評価，日本建築学会大会学術講演梗概集，B分冊構造I，pp.1443-1444.
36) 国土庁防災局震災対策課（1994）：小規模建築物等のための液状化マップと対策工法，ぎょうせい，120pp.
37) 若松加寿江，山本明夫，田中一朗（1999）：レベル2地震動を考慮した微地形による液状化判定法，液状

化メカニズム・予測法と設計法に関するシンポジウム発表論文集, pp.517-522.
38) 国土庁防災局震災対策課 (1999)：液状化地域ゾーニングマニュアル, 123pp.
39) 気象庁 (2009)：2009年8月11日05時07分頃の駿河湾の地震について (第2報), 気象庁HP：http://www.jma.go.jp/jma/press/0908/12a/200908121500.html [Cited 2009/8/12]
40) 青島　晃, 土屋光永 (2009)：2009年8月11日の駿河湾の地震により牧之原市須々木で発生した液状化, 日本地震工学大会-2009梗概集, pp.234-235.
41) 三輪　滋, 藍檀オメル, 太田良巳 (2010)：2009年8月11日の駿河湾の地震における液状化と墓石の被害, 第13回日本地震工学シンポジウム, pp.768-775.

第 2 部
ユーザーズマニュアル

1. はじめに

1.1 「日本の液状化履歴マップ 745-2008」の DVD の特長

本書附属の DVD は以下の特長をもっています．
1) 日本全域における有史以来の液状化履歴地点約 1 万 6500 地点の詳細位置を，縮尺 5 万分の 1 地形図を背景図として高精度で表示した pdf ファイル 371 面を収録．
2) 液状化の履歴が多い 17 地域については，20 万分の 1 地勢図を背景図とした地方別液状化履歴地点分布図を pdf ファイルとして収録．
3) 約 1 万 6500 地点の液状化履歴地点のカタログとして，液状化が発生した地点の地点名（市町村名），重心の緯度・経度，収録されている 5 万分の 1 地形図名，出典番号，液状化を生じた地震の発生年月日・震源要素などの 32 項目の情報を，発生年月日順に一覧表にまとめた pdf ファイルを収録．
4) 液状化履歴の出典である合計 483 文献のリストを pdf ファイルで収録．
5) 液状化履歴地点の GIS（地理情報システム）データを，米国 MapInfo 社の MapInfo TAB 形式，米国 ESRI 社の Shapefile 形式，Google 社の kml ファイルで収録．

本書のデータの利用にあたっては，以下のユーザーズマニュアルおよび第 1 部の解説をお読みいただき，適切な利用をお願いします．

1.2 動作環境

DVD-ROM に収録されている液状化履歴地点の詳細マップ，地方別マップ，カタログ，出典 pdf ファイル（拡張子が .pdf と表示されているファイル）を見るためには，Adobe 社の Adobe Reader または Acrobat Reader ver.5.0 以降が必要です．以下からダウンロードの上，Adobe Reader をインストールして下さい．

http://get.adobe.com/jp/reader/

インデックスマップを使って液状化履歴地点の詳細マップを開くためには，Acrobat または Adobe Reader を以下の①〜③のように設定し，地形図画像を pdf ファイルで開く必要があります．ブラウザから液状化履歴地点の詳細マップを開くこともできますが，液状化地点が密集している地域の拡大図（5 万分の 1 地形図画像の中に A，B，C…と記載した矩形の枠で示されている）を開くためには，詳細マップを pdf ファイルで開く必要があります．ブラウザで開

いた場合は，拡大図は開けません．
①Adobe Reader（Acrobat Reader）の［編集］メニューから［環境設定］を選択．
②左欄に表示されているリストから［インターネット］を選択．
③Web ブラウザオプションの［PDF をブラウザに表示］のチェックをはずし，［OK］をクリック．

DVD-ROM Part 5 の液状化履歴地点の GIS データを利用するためには，それぞれのファイルセットが読み込めるソフトウェアが必要ですが，本書ではそれらのソフトウェアは提供していません．

1.3 著作権および免責事項

（財）東京大学出版会および著者は，『日本の液状化履歴マップ 745-2008』におけるデータを含む出版物に対する所有権を保有しています．

『日本の液状化履歴マップ 745-2008』に収録されている内容およびデータは，著作権の対象となります．本書および DVD-ROM の内容の一部または全部を無断でほかに転載することは法律により禁止されています．

これらのデータ等のいかなる部分も，いかなる形態およびいかなる手段によっても，（財）東京大学出版会への書面による事前の許可なく，複製，転送，転写，検索システムへの格納，または他言語への翻訳およびコンピュータ言語への変換を行うことはできません．

データを含む本出版物の使用による結果および性能に関する一切のリスクは利用者の負担となります．

【転載・引用した場合の記載事項】
利用者は，『日本の液状化履歴マップ 745-2008』の GIS データ等を利用してほかの成果物を作成した場合は，その旨を成果物のわかりやすいところに明記してください．その際，本解説書の裏表紙に貼付した製品シリアル番号を必ず記載してください．
［記載例］
（日本語）
本研究には（本印刷物には；本図には；本システムには；本コンテンツには；など），若松加寿江（2011）『日本の液状化履歴マップ 745-2008』，東京大学出版会のデータを使用した（製品シリアル番号：JLM0001）．
（英語）
This work has used the data files from Wakamatsu, K. (2011), "Maps for Historic Liquefaction Sites in Japan, 745-2008", University of Tokyo Press (product serial number: JLM0001)

2. 液状化履歴地点のマップの見方

2.1 液状化履歴地点の詳細マップ（DVD-ROM Part 1）

　過去の液状化履歴のうち発生した場所が判明したものについては，国土地理院発行の縮尺5万分の1地形図371面にすべてプロットされています．任意の地域の詳細マップの表示方法を図2.1に示します．操作手順は以下の通りです．

1）DVDメニュー画面から，「Part 1 液状化履歴地点の詳細マップ」をクリックすると，図2.1（a）の日本全図が表示されます．

2）6つの地域に色分けされている日本全図の中から，任意の地域名をクリック（ここでは，関東・甲信越を選択）すると，図2.1（b）に示すように，黒枠で1次メッシュ枠（縮尺20万分の1地勢図の図幅枠）とメッシュ番号が表示されます．黒枠の中にさらに小さい赤枠が表示されますが，これが液状化履歴地点の詳細マップが収録されている縮尺5万分の1地形図幅枠です．

3）赤い図幅枠にマウスのポインタを近づけると，縮尺5万分の1地形図の図幅名がローマ字で表示されます．対象とする地形図幅枠をクリックすると（ここでは，1次メッシュ5638のNAGAOKAを選択），縮尺5万分の1地形図を背景図とした液状化履歴地点の詳細マップが表示されます（図2.1（c））．図中，A〜Hと記載されている黒枠は，枠内の拡大図が用意されている地域です．

4）図2.1（c）のA〜Dのいずれかの枠の中をマウスでクリックすると，図2.1（d）に示す拡大図が表示されます．ただし，拡大図を表示させるには，AcrobatまたはAdobe Readerの設定を，前節1.2の①〜③のように設定し，図2.1（c）をブラウザではなくpdfファイルで開く必要があります．

5）長岡図幅の全体図（図2.1（c））に戻るには，図2.1（d）の右上の赤い点線枠内をクリックします．

　縮尺5万の1地形図ごとの液状化履歴地点の詳細マップは，図2.1（c）に示すように地震ごとに記号や色を変えてあり，地点番号が付されています．また，同一地震による液状化地点でも，噴砂等の範囲が領域でわかったもの，詳細地点としてわかったもの，地名でわかったものの3種類に区別しています．網がけなどによる領域（図2.1（c）では緑色の塗りの部分），点，△▽□○◇の記号で表記していますが，色は地震ごとに統一しています．また，一つの地震で異なる記号（たとえば△と□）は併用していません．

　△▽□○◇の記号に関しては，一例を図2.2に示すように，それぞれ大中小の3つのサイズがあります．大・中・小記号は，液状化の発生領域の確実度を表しています．小記号は，集落内の小字（こあざ）名など地点に近い情報で場所を特定できた液状化地点です．中記号は，集落名や町丁目などの地区名で特定できたものです．これに対して，大記号は，町村名や大字（おおあざ）名などおおまかな位置しかわからなかった地点であり，記号で囲んだ広い領域で液状化が起きたことを示しているわけではありません．

　地震当時の番地や小字など詳細な情報がある地点でも，その現在の地図上の位置が不明な場

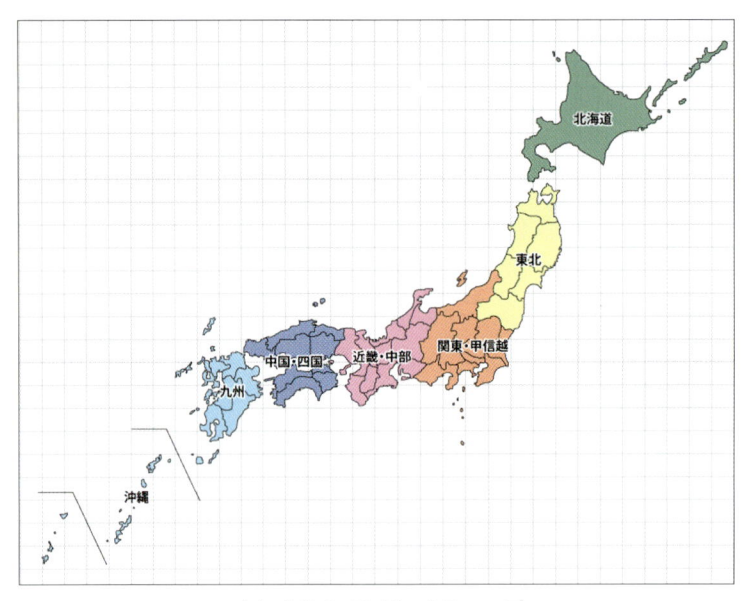

(a) 全体のインデックスマップ
Index map for all of Japan

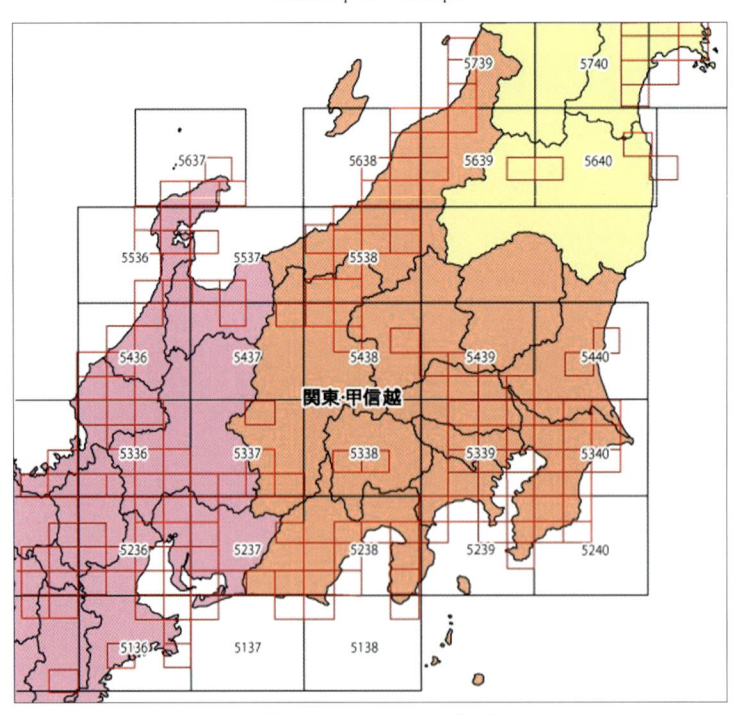

(b) 地方別インデックスマップの例
Example of index map for district map

図 2.1 液状化履歴地点の詳細マップの表示方法の流れ
Fig. 2.1 Procedure for displaying detailed liquefaction map

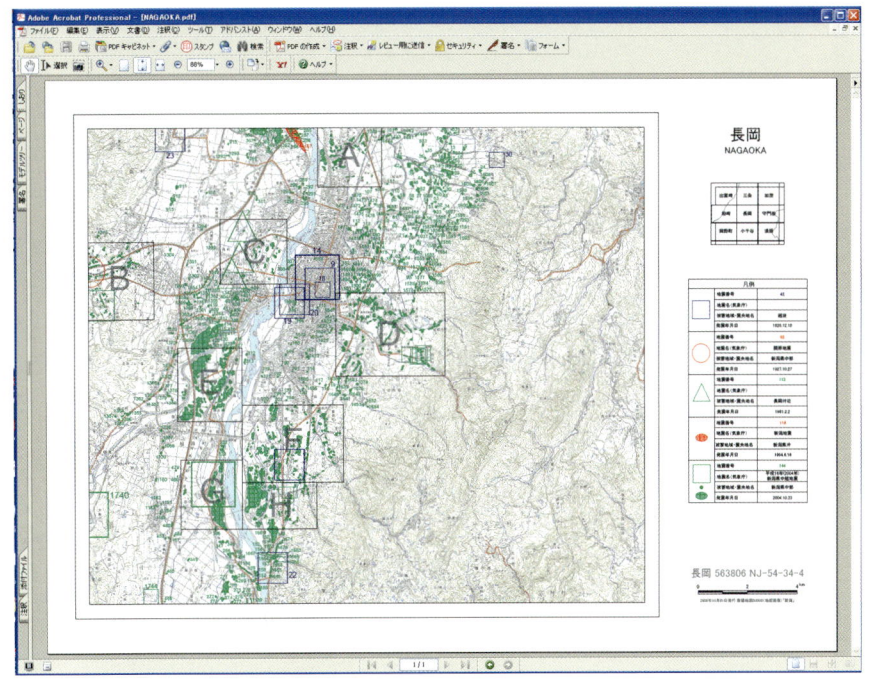

（c）縮尺5万分の1地形図ごとの液状化履歴地点の分布図の例（長岡図幅）
Display example of detailed liquefaction map

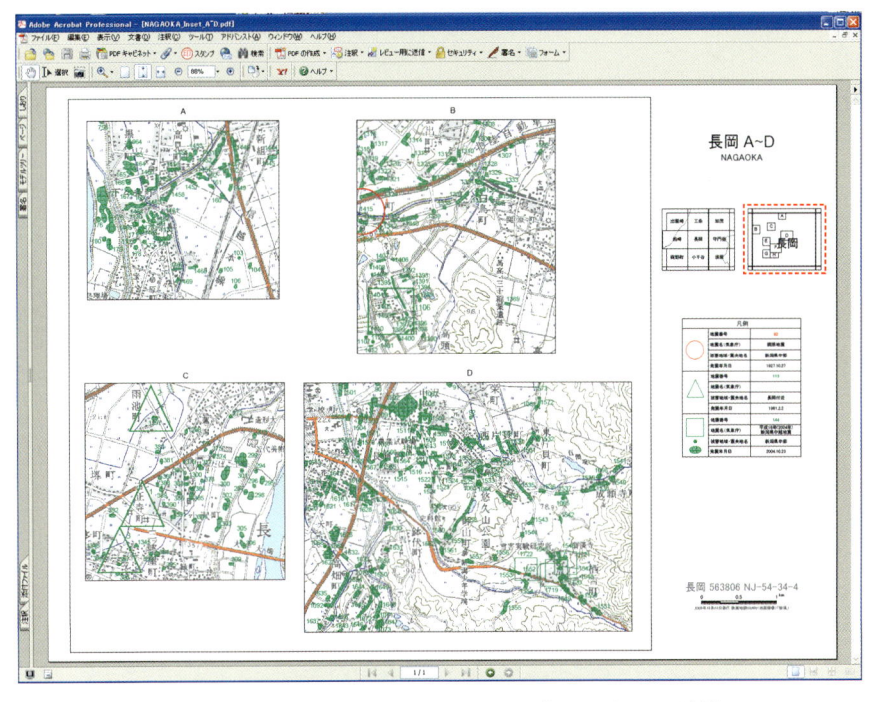

（d）液状化履歴地点の分布図の拡大図の例（長岡図幅A〜D地域）
Display example of enlarged map

図 2.1　続き

2. 液状化履歴地点のマップの見方——53

合は，小記号ではなく中記号や大記号で表示しています．たとえば，1923年の関東大地震による液状化地点「埼玉県彦成村大字上彦名字古川端」は，「字古川端」の位置が不明なため，「大字上彦名」に該当する領域の中心に中記号でプロットしています．

同じ地名でも時代によってその地名が示す範囲が異なる場合がありますが，これらは記号の大きさを変えることで区別しています．たとえば，岐阜県竹ヶ鼻（現在の羽島市竹鼻町）は，1981年の濃尾地震と1944年の東南海地震に液状化が発生した記録がありますが，町村合併などにより1944年当時の竹ヶ鼻の領域の方が広いため，濃尾地震では中記号，東南海地震では大記号でプロットしています．

また，液状化範囲を領域で表示した地震として，1948年福井地震，1964年新潟地震，1995年兵庫県南部地震，2004年新潟県中越地震などがあります．このうち，最近の2つの地震の液状化範囲は，地震直後に撮影された航空写真判読で噴砂の分布を詳細に抽出したものです．これに対して，前の2つの地震は，液状化（噴砂）分布図から転写したもので，液状化領域の精度が最近の2地震に比べて粗くなっています．図2.2には，1964年新潟地震（赤色）と2004年新潟県中越地震（緑色）の両方の領域表示の液状化範囲が示されていますが，後者の方が噴砂領域を細かく抽出していることがわかります．ただし，いずれの場合も，縮尺5万分の1の地形図に手作業で転写した液状化領域をスキャナーで読み込みデジタイズしたため，転写の際の誤差があり，かつ縮尺5万分の1以上の拡大に耐えうる精度ではありません．

以上のように，個々の液状化地点の位置に関する情報の程度がまちまちのため，同じ地震でも発生範囲を示す各種の記号が混在し煩雑になっていますが，液状化が発生した場所をできるだけ正確に再現するという本書の主旨をご理解ください．

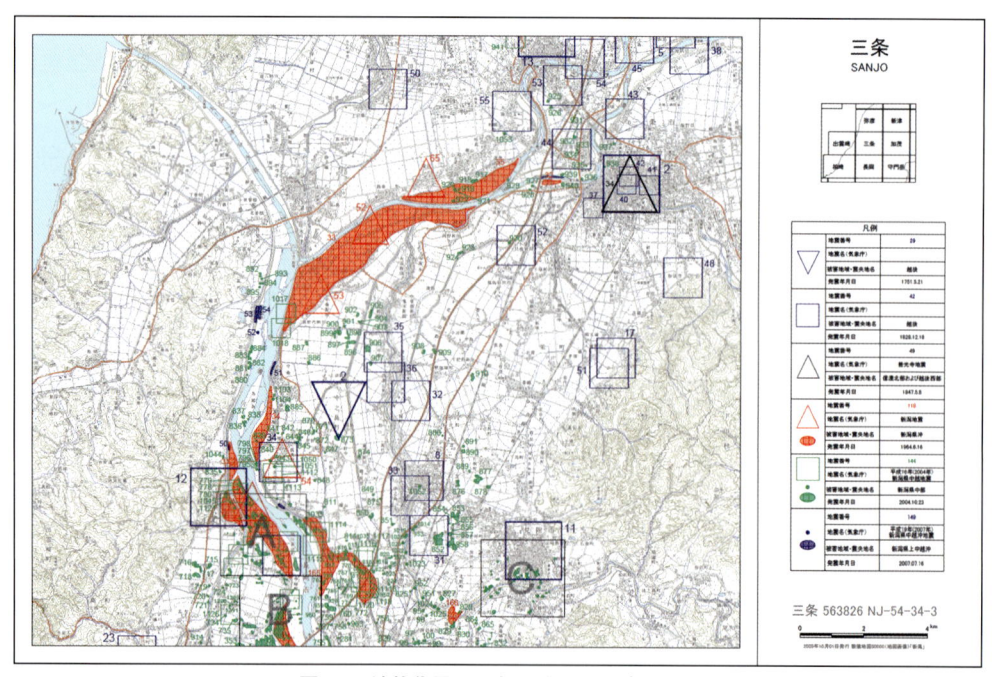

図2.2 液状化履歴地点の詳細マップの一例
Fig. 2.2 Example of detailed liquefaction map

2.2 液状化履歴地点の地方別マップ（DVD-ROM Part 2）

　前述の液状化履歴地点の詳細マップは，個々の液状化地点の位置や広がりは詳細に読み取れますが，広い地域における液状化履歴地点の分布状況を概観することはできません．そこで，液状化履歴地点の地方別マップを国土地理院発行の縮尺20万分の1地勢図画像を背景図として主要17地域について作成しています．作成地域は，北から順に，①北海道南東部地域，②北海道南西部地域，③青森県東部地域，④青森県西部・秋田地域，⑤秋田県南部・山形県西部地域，⑥仙台地域，⑦新潟地域，⑧富山・能登地域，⑨長野盆地，⑩福井・金沢地域，⑪関東地方，⑫濃尾・東海地方，⑬神戸・大阪地域，⑭岡山地域，⑮広島地域，⑯鳥取・島根地域，⑰福岡地域です．

　上記の地方別マップの一部は，解説書の図1.8～図1.11にも掲載していますが，DVD-ROMに収録しているpdfファイルの画像は，比較的大縮尺の印刷にも耐えるような解像度となっています．ただし，背景図の縮尺20万分の1地勢図画像の解像度は，国土地理院発行の元画像（データ）の解像度に依存しています．

3. 液状化履歴地点のカタログ（DVD-ROM Part 3）

　液状化履歴地点のカタログでは，地震の発生年月日順に液状化履歴地点が並べられています．全1万6688件の液状化履歴地点のカタログとして，表2.1に示すように，液状化が発生した地点の重心の緯度・経度，地点名（市町村名），収録されている5万分の1地形図名，出典番号，液状化を生じた地震の発生年月日・震源要素などの32項目の情報を一覧表にまとめたpdfファイルを収録しています．ただし，発生位置が判明しなかった125件については位置に関する情報は含まれていません．液状化履歴データ1件を1行として，32列（32項目）×1万6688行の一覧表になっています．

　液状化が発生した地震は，解説書第1部4章に示したように，全部で150地震であり，1～150の地震番号が付されています．前著[1]で掲載した1987年の日本海中部地震以前に関しても，液状化が発生したことが新たに確認された地震が追加されており，前著と異なる地震番号となっている場合があります．

　地震ごとの地点番号は，前著で掲載している液状化履歴地点については，前著と同じ地点番号を付しています．地点番号の順番にはとくに意味はありません．本来ならば，同一地震での液状化地点であっても市町村別などの順番で規則的に番号を付すのが望ましいと考えられますが，膨大な数のデータの編集作業の途中で，地点の追加・統合などをたびたび行ったため，隣接する地点であっても地点番号がかけ離れているケースも生じました．

　液状化履歴地点は，原則として1データ（地図上の1つの領域，1つのポイント，1つの丸・三角などの記号）を1地点としてリストアップしています．しかし，前著に掲載した地点の中には，ごく一部ですが複数地点に同じ地点番号を与えているものがあります．これは，前著では液状化地点の緯度経度座情報ではなく地名で管理していたため，地点名が同じ地点には同じ地点番号を付しました．本書では，地点番号は前著のままとし，地点番号が同一な場合は，

カタログ中の1番目の項目（**表2.1** 参照）のGISデータの通し番号によって区別しています．

一方，液状化履歴地点が領域で示されている場合，広い領域の場合は複数の地名にまたがっている場合があります．この場合は，前著では一つの領域であっても複数の地点番号を適宜付しました．本書では前著と地点番号を同一にしたため，一続きの領域に複数の地点番号が与えられています．この場合は，液状化履歴地点のカタログの18番目の項目（**表2.1** 参照）にフラグ（目印）として1と記入されています．

地点名は原則として出典の文献に記載されている地名をそのまま記載しています．したがって，同じ地点でも古い地震と新しい地震ではカタログ中にある地名が異なる場合があります．また，同一地震の地点名も，地震直後の調査報告書に記載されている地名と，地震後数十年経過してから実施された地震体験者への聞き取り調査時の地名と，新旧の地名が混在している場合もあります．現在の地名に統一しなかった理由は，第一に，元の文献に記載されている地名とカタログの地名との対応関係を明確にするためです．また今でも日本各地で市町村の合併や住居表示の変更が行われており，表示の変更に伴い境界までも変わることが多く，地名を最新のものに変更することは，かえって誤解や混乱の原因となります．

また，地点名が出典に掲載されておらず，地図等に領域で示されている場合は，適宜代表地点の地名を地点名として記載しましたが，対象領域内のすべての地名を表しているわけではありません．

明治以前の古い地震については，地震当時の地名が明治初期の地形図にも記載されていない場合があり，現在（編集時）の地名をかっこ内に記しました．また，出典に記載されている地名が明らかに誤記・誤植と判断されたものに関しては，正しいと考えられる地名をかっこ内に記載しました．

150地震の中で，1854年12月23日と24日の1日違いで発生した52の安政東海地震と53の安政南海地震では，どちらの地震で発生したのか厳密な判断が困難な場合が多くありました．そこで，両地震による液状化地点は区別せず両方の地震で液状化が発生したとみなしています．したがって，52-1〜52-85と53-1〜53-85は緯度経度情報も地名も同じになっていますが，両地震により2回液状化が起きたことを意味するものではありません．

136の1997年3月26日と137の同年5月13日のともに鹿児島県北西部を震源とする地震でも，一部の液状化地点についてはどちらの地震で液状化したか判別できなかったため，上記と同様，両方の地震で重複して登録しています．以上のような地点には，**表2.1** の17番目の項目に示すように，液状化履歴地点のカタログにフラグ（目印）として1が記入されています．

1993年釧路沖地震以降の地震では，マンホールや埋設管など地中に埋設された構造物の浮き上がりにより液状化発生の認定を行った地点が多数あります．マンホール等の浮き上がりの原因については，1993年釧路沖地震を契機に議論されてきましたが，現在ではマンホール等を設置する際に原地盤とマンホールの間のすき間に埋め戻した砂が液状化したとの説[2]が有力となっています．したがって，きわめて局所的な埋戻し土の液状化であり，自然地盤や一般の埋立て地盤の液状化とは区別されるべきです．このことから，周辺には噴砂が認められずマンホール等の地中埋設物の浮き上がりのみの場合，**表2.1** の16番目の項目にフラグとして1と記入することにより，一般の液状化とは区別できるようにしています．

液状化を生じた地震の震源要素については，地震番号87の1923年の関東地震以降は，気象庁[3]が公開している震源カタログ（震央の緯度経度については，世界測地系で表記）を採用しています．それ以前の地震については，宇佐美（2003）[4]に収録されているもの（震央の緯度経度については，旧日本測地系で表記）を記載しています．ただし，気象庁[3]の震源データでは緯度経度はもともと60進法表記ですが，GISでの利用の便を考慮して10進法表記に変換して表示しています．

表 2.1 液状化履歴地点のカタログ項目一覧
Table 2.1 Summary of information on liquefaction database

No	項　目	GISデータの属性項目名	説　明
1	GISデータの通し番号	No	GISデータの1～16563の通し番号（位置が不明なデータには番号なし）
2	リンクID	LinkID	地震番号-地点番号
3	地震番号	Quake_No	1～150の地震番号
4	地震発生年月日	Date	液状化を生じた地震の発生年月日
5	和暦	J_Era	地震発生年の和暦表示
6	地震名	Quake_Name	宇佐美（2003）による地震名および気象庁命名の地震名
7	被害地域・震央地名	RegionName	No.1～No.86およびNo.112，No.113地震は，宇佐美（2003）による地域名，それ以外は気象庁（2010）による震央地名
8	地点番号	LocationNo	地震ごとの液状化地点番号
9	地点名	SiteName	出典に掲載されている液状化履歴地点の地名で必ずしも現在の地名とは一致しない
10	重心経度（旧日本測地系）	LNG_TYO	液状化履歴地点の重心の経度（旧日本測地系）
11	重心緯度（旧日本測地系）	LAT_TYO	液状化履歴地点の重心の緯度（旧日本測地系）
12	重心経度（世界測地系）	LNG_JGD	液状化履歴地点の重心の経度（世界測地系）
13	重心緯度（世界測地系）	LAT_JGD	液状化履歴地点の重心の緯度（世界測地系）
14	文献番号	Ref_No	出典の文献番号
15	5万分の1地形図幅名	MapName	縮尺1/5万地形図の図幅名
16	フラグ：浮上のみ	F_Uplift	マンホール等の地中埋設物の浮き上がりのみの地点に1を入力
17	フラグ：地震が判別できない	F_2Quakes	地震番号52と53，136と137のようにどちらの地震か判別できない地点に1を入力
18	フラグ：複数の地点番号をもつ	F_Plural	12,13や3～6のように1地点に複数の地点番号があるときに1を入力
19	フラグ：既存・新規	F_New	前著「日本の地盤液状化履歴図」に掲載されているものは1を入力，新規に掲載したものは2を入力
20	宇佐美（2003）の地震番号	UsamiNo	宇佐美（2003）による地震番号
21	GISデータのレイヤー名	LayerName	GISデータのレイヤー名で地震発生年月日の数字のみで表記
22	地震のマグニチュード	Magnitude	地震のマグニチュード．No.86地震までは宇佐美（2003）による．それ以降は気象庁（2010）による
23	平均 M	AveM	マグニチュードがレンジで示されている場合の平均値，レンジで示されていない場合は，そのままの値
24	フラグ：平均 M 算出	F_AveM_cal	平均 M を算出した場合は1を入力

25	震央緯度_N (旧日本測地系)	Q_LAT_TYO	宇佐美(2003)による震央緯度(旧日本測地系)
26	震央経度_E (旧日本測地系)	Q_LNG_TYO	宇佐美(2003)による震央経度(旧日本測地系)
27	震央緯度_N (世界測地系)	Q_LAT_JGD	気象庁(2010)による震央緯度(世界測地系)を10進法表示に変換
28	震央経度_E (世界測地系)	Q_LNG_JGD	気象庁(2010)による震央経度(世界測地系)を10進法表示に変換
29	震源深さ（km）	FocalDepth	気象庁(2010)による震源深さ(km)
30	液状化地点の記号の色	LegendCol	液状化履歴地点のシンボル・ポリゴンの赤，黒，緑，青のいずれか
31	液状化地点の記号の種類	LegendShp	●，○，△，▽，□，◇，領域のいずれか
32	液状化地点の記号の大きさ	LegendSize	点，小，中，大，領域のいずれか

※1：各項目で空欄は，値が不明
※2：KMLファイルに含まれている属性は，No.1，4，9のみ．アイコンの位置は液状化領域の重心であり，正確な液状化地点を示すとは限らない．

4. 液状化履歴地点の出典 （DVD-ROM Part 4）

　液状化履歴地点の出典として掲げた文献の数は合計483です．表2.2と表2.3に液状化履歴地点の出典の一覧表の見本を示します．明治以前の歴史地震による液状化の記録（噴砂・噴水）の大部分は，表2.2に示す文献によっています．それ以外は，個々の地震別の被害資料や論文のため，表2.3に示すように地震ごとに文献番号を付しています．

　出典の文献には，一般には入手しにくい資料や非公開資料，webサイトが閉鎖され利用できなくなったものも一部含まれていますが，これらに代わる文献を見つけることができなかったためそのまま掲載しています．

　複数の文献に記載されている液状化履歴地点に関しては，液状化の状況に関して最も詳細な記述がある文献や，学会から刊行されている報告書など入手が比較的容易な文献を掲げるにとどめ，そのほかについては掲載を割愛したものも多くあります．

　以上の483の文献以外にも，液状化の発生が報告されている文献やwebサイトは多数あると推測されますが，著者の単独での情報収集能力と整理能力には限度があるため，情報の欠落に関してはご容赦願います．

表2.2　1884年以前の歴史地震の共通文献
Table 2.2 List of comprehensive references for earthquakes before 1884

文献番号	文献名
A	文部省震災予防評議会編(1941～1943)：増訂大日本地震史料第1～第3巻，文部省震災予防評議会
B	武者金吉(1951)：日本地震史料，毎日新聞社，350pp.
C	東京大学地震研究所編(1981～1994)：新収日本地震史料，第1～第5巻，別巻，補遺，補遺別巻，続補遺，続補遺別巻，東京大学地震研究所
D	静岡県地震対策課(1978.3)：静岡県地震対策基礎調査報告書－第2次調査・静岡地震史－，120pp.
E	静岡県地震対策課(1978.3)：静岡県地震対策基礎調査報告書－第2次調査・静岡地震史第3報－，868pp.
F	東京都総務局行政部(1973)：安政地震災害史，1032pp.
G	宇佐美龍夫(2003)：最新版日本被害地震総覧[416]-2001[付]安政江戸地震大名家被害一覧表，東京大学出版会，605pp.

表 2.3 地震ごとの個別文献の例
Table 2.3 Examples of imdividual references for each earthquake

地震番号	地震名(地域名)	文献番号	文献名
144	平成16年(2004年)新潟県中越地震	144-1)	若松加寿江, 吉田 望, 規矩大義(2006)：2004年新潟県中越地震による液状化現象と液状化発生地点の地形, 地盤特性, 土木学会論文集C62-2, pp.263-276.
144	平成16年(2004年)新潟県中越地震	144-2)	土木学会(2006)：平成16年新潟県中越地震被害調査報告書, pp.201-215, 271-286, 364-367, 404-467, 480-493, 516-527, 557-566.
144	平成16年(2004年)新潟県中越地震	144-3)	著者の現地調査・航空写真判読による
144	平成16年(2004年)新潟県中越地震	144-4)	応用地質株式会社(2005)：液状化被害予測に関する研究－新潟県中越地震の被害調査結果－, pp.1-24.
144	平成16年(2004年)新潟県中越地震	144-5)	新潟日報社(2004)：特別報道写真集 新潟県中越地震, p.5.
144	平成16年(2004年)新潟県中越地震	144-6)	地学団体研究会新潟支部 新潟県中越地震調査団(2005)：2004年新潟県中越地震-中越地震の被害と地盤-, pp.24-112, 付録CD-ROM
144	平成16年(2004年)新潟県中越地震	144-7)	飛島建設技術研究所(2005)：2004年新潟県中越地震噴砂の分析, pp.16-19.
144	平成16年(2004年)新潟県中越地震	144-8)	不動建設株式会社(2004)：平成16年(2004年) 新潟県中越地震調査報告書, pp.42-63.
144	平成16年(2004年)新潟県中越地震	144-9)	清水建設株式会社技術研究所(2004)：平成16年新潟県中越地震被害調査報告書(速報), pp.42-76.
144	平成16年(2004年)新潟県中越地震	144-10)	日本地震工学会ほか(2004)：平成16年新潟県中越地震被害調査報告会梗概集, pp.47-60, 67-80, 127-135.
144	平成16年(2004年)新潟県中越地震	144-11)	稲葉一成, 中野俊郎, 田中 聡(2005)：中越地震による農地の液状化被害, 新潟大学農学部研究報告57-2, pp.139-144.

5. 液状化履歴地点の GIS データ (DVD-ROM Part 5)

5.1 GIS データ化作業の流れ

以下の2種類の液状化履歴地点のアナログデータを，図 2.3 に示す流れで GIS データ化する作業を行いました．
1) 前著『日本の地盤液状化履歴図』[1)] にプロットされている西暦 1987 年までの地点
2) 1987 年まで地震による液状化地点のうち，新たに見つかった液状化地点および 1987 年以降に起きた地震による液状化発生地点

上記は，いずれも縮尺5万分の1地形図に液状化発生領域や地点が手書きでプロットされているものです．

5.2 収録されている GIS データ

DVD-ROM に収録されているファイルの一覧を表 2.4 に示します．これらのファイルは，圧縮ファイルで収録されています．解凍してご利用ください．フォルダおよびファイルは，いずれも SHIFT-JIS コードで収録されています．

5.3 属性情報

データに含まれる属性情報を表2.5に示します．

5.4 GISデータ利用上の留意点

表2.5に示す液状化地点の緯度・経度は，重心の緯度・経度です．大きい液状化領域（ポリゴン）の重心も，小さい噴砂地点の位置も一つの緯度・経度座標で表しています．また，第2部2.1で述べたように，液状化地点の位置の確実度によって，大・中・小と大きさの異なる記号で示していますが，これらも，重心の緯度・経度のみで表示すると一つの点になります．本書に収録した液状化履歴地点の地方別マップのように，広い地域を概観する小縮尺の地図で表示する場合には，重心の緯度・経度情報のみで液状化地点をプロットしても支障はありません．しかし，縮尺5万分の1以上の大縮尺の地図を背景図として表示させる場合や，GISでバッファリングを行う場合は，個々の液状化履歴地点の緯度・経度座標の持つ意味を充分に理解してご利用下さい．

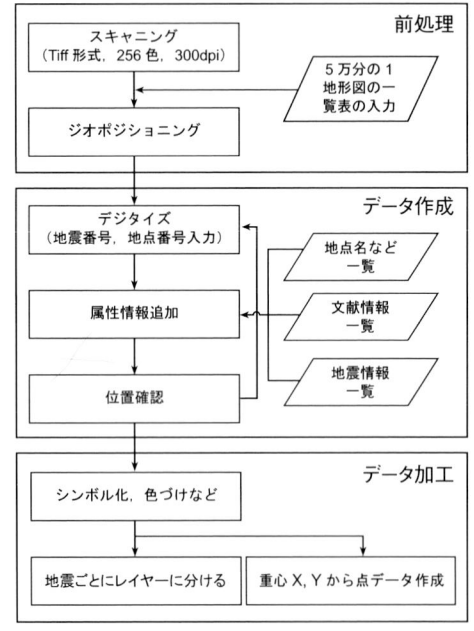

図2.3　GISデータ化作業の流れ
Fig. 2.3 Workflow for GIS data creation

表 2.4 収録されている GIS ファイル一覧
Table 2.4 GIS data files included on the DVD-ROM

フォルダ名	ファイル名	データの種類と測地系	ファイル形式
TAB	LIQSITE.tab LIQSITE.dat LIQSITE.map LIQSITE.id	地理情報と属性情報（表2.5を参照） JGD2000（世界測地系）	米国 MapInfo 社 MapInfo TAB 形式
SHP	LIQSITE_region.shp LIQSITE_region.dbf LIQSITE_region.shx	領域で表示した液状化履歴地点の地理情報と属性情報（表2.5を参照），JGD2000（世界測地系）	米国 ESRI 社 Shapefile 形式
	LIQSITE_point.shp LIQSITE_point.dbf LIQSITE_point.shx	点で表示した液状化履歴地点の地理情報と属性情報（表2.5を参照），JGD2000（世界測地系）	
	LIQSITE_symbol.shp LIQSITE_symbol.dbf LIQSITE_symbol.shx	記号で表示した液状化履歴地点の地理情報と属性情報（表2.5を参照），JGD2000（世界測地系）	
KML	LIQSITE.kml	地理情報と属性情報（表2.5を参照）	Google 社 KML 形式

表 2.5 属性情報一覧
Table 2.5 Attributes included in GIS data file

属性No	属性項目名	種別(桁数)	説明文
1	No	整数	1～16563 の通し番号
2	LinkID	文字(33)	地震番号 - 地点番号
3	Quake_No	整数	1～150 の地震番号
4	LocationNo	文字(29)	地震ごとの地点番号
5	LNG_TYO	固定小数(10.6)	液状化履歴地点の重心の経度(旧日本測地系)
6	LAT_TYO	固定小数(10.6)	液状化履歴地点の重心の緯度(旧日本測地系)
7	LNG_JGD	固定小数(10.6)	液状化履歴地点の重心の経度(世界測地系)
8	LAT_JGD	固定小数(10.6)	液状化履歴地点の重心の緯度(世界測地系)
9	Quake_Name	文字(31)	宇佐美(2003)の地震名および気象庁命名の地震名
10	RegionName	文字(76)	No.1～No.86 および No.112, No.113 地震は，宇佐美(2003)による地域名，それ以外は気象庁(2010)による震央地名
11	Date	文字(11)	液状化を生じた地震の発生年月日
12	SiteName	文字(120)	液状化履歴地点の地点名．出典に掲載されている地名であり，必ずしも現在の地名とは一致しない
13	Ref_No	文字(38)	出典の文献番号
14	MapName	文字(10)	縮尺 1/5 万地形図の図幅名
15	F_Uplift	整数	マンホール等の地中埋設物の浮き上がりのみの地点に1を入力
16	F_2Quakes	整数	52 と 53，136 と 137 の地震のようにどちらの地震か判別できない地点に1を入力
17	F_Plural	整数	12, 13 や 3～6 のように1地点に複数の地点番号があるときに1を入力
18	F_New	整数	前著「日本の地盤液状化履歴図」に掲載されているものは1を入力，新規に掲載したものは2を入力
19	UsamiNo	文字(7)	宇佐美(2003)の地震番号
20	J_Era	文字(8)	地震発生年の和暦表示
21	LayerName	文字(8)	レイヤー名

22	Magnitude	文字(11)	地震のマグニチュード．No.86地震までは宇佐美(2003)による．それ以降は気象庁(2010)による
23	AveM	固定小数(6.1)	マグニチュードがレンジで示されている場合の平均値，レンジで示されていない場合は，そのままの値
24	F_AveM_cal	文字(1)	平均Mを算出した場合は1を入力
25	Q_LAT_TYO	固定小数(7.2)	宇佐美(2003)による震央緯度(旧日本測地系)
26	Q_LNG_TYO	固定小数(7.2)	宇佐美(2003)による震央経度(旧日本測地系)
27	Q_LAT_JGD	固定小数(11.6)	気象庁(2010)による震央緯度(世界測地系)を10進法表示に変換
28	Q_LNG_JGD	固定小数(11.6)	気象庁(2010)による震央経度(世界測地系)を10進法表示に変換
29	FocalDepth	固定小数(7.2)	気象庁(2010)による震源深さ(km)
30	LegendCol	文字(2)	液状化履歴地点の記号・ポリゴンの色．赤，黒，緑，青のいずれか
31	LegendShp	文字(4)	液状化履歴地点の記号の種類．●，○，△，▽，□，◇，領域のいずれか
32	LegendSize	文字(4)	液状化履歴地点の記号のサイズ．点，小，中，大，領域のいずれか

※1：値が不明の場合は，空欄とせず-999.9を入力している．
※2：KMLファイルに含まれている属性は，No.1, 4, 9のみ．アイコンの位置は液状化領域の重心であり，正確な液状化地点を示すとは限らない．
※3：属性の項目名は，MapInfo TAB形式では，表中のように大文字半角と小文字半角の組み合わせで表示されるが，Shapefile形式については，使用するソフトやバージョンによって，大文字・小文字の組み合わせが表中の定義とは異なって表示される場合がある．

第2部の参考文献

1) 若松加寿江（1991）：日本の地盤液状化履歴図，東海大学出版会，341pp.
2) Yasuda, S. and Kiku, H.（2006）：Uplift of sewage manholes and pipes during the Niigataken-Chuetsu earthquake, Soils and Foundations, Vol.46, No.6, pp.885-894.
3) 気象庁（2010）：気象庁震源カタログ（1923～2008），地震年報2008，DVD-ROM.
4) 宇佐美龍夫（2003）：最新版日本被害地震総覧［416］-2001［付］安政江戸地震大名家被害一覧表，東京大学出版会，605pp.

English Abstract

Maps for Historic Liquefaction Sites in Japan, 745-2008

Kazue Wakamatsu
Professor, Department of Civil & Environmental Engineering, Kanto Gakuin University

Introduction

Liquefaction is known to occur repeatedly at the same site during more than one earthquake, as shown by examples from Japan, United States, and the Aegean region in Europe (e.g. Kuribayashi and Tatsuoka [1]; Youd [2]; Yasuda and Tohno [3]; Wakamatsu [4]; Papathanssiou et al. [5]). Thus, the locations of past liquefaction may be considered potential areas of liquefaction in future earthquakes. The author collected approximately 4000 cases of liquefaction occurrence triggered by 123 Japanese earthquakes from 863 to 1987 and in 1991 compiled a catalog and maps for liquefied sites [4]. Since then, extensive liquefaction has been observed during more than a dozen earthquakes, including the 1995 Hyogoken-nambu (Kobe) earthquake. In addition, new data have been found on historical earthquakes that occurred before 1987. This publication supplements the previous work by Wakamatsu [4] with new data for the earthquakes since 1987 as well as for the earthquakes before 1987. In this book and its accompanying DVD-ROM, sites of liquefaction triggered by 150 earthquakes from 745 to 2008 are presented: the liquefied sites were listed and plotted onto 1:50000 scale topographic maps, and digitized into a GIS database.

Identification of liquefaction occurrences

To search for records of liquefaction effects, various kinds of materials on earthquake damage, including reports, papers, web site contents, and ancient documents for all of Japan, were collected. Descriptions of liquefaction effects were picked up from these documents, and the sites where liquefaction took place were identified based on these descriptions. In addition, in several earthquakes the author conducted post-earthquake reconnaissance investigations, aerial photo interpretation, and interviews with local residents.

In the investigations, occurrences of liquefaction were identified by observed sand and water boiling and/or floating up of buried structures; fissures, lateral spreading, ground subsidence, and settlement of structures without sand and/or water boiling were excluded from the evidence of liquefaction effect. Instances of liquefaction evidence such as sand dikes in the ground, which were revealed by archeological excavation, are excluded from the liquefied sites in this study, because the dates of the earthquakes that induced liquefaction can be difficult to specify.

Earthquakes that caused liquefaction

Up to the present, approximately 1000 destructive earthquakes have been documented in various kinds of historical materials and seismic data in Japan [7]. The oldest is the earthquake of August 23, 416, which was documented in the "Nihon Shoki", an authorized historical document of Japan. The 1000 earthquakes that took place between 416 and 2008 in Japan were investigated in this study.

The investigation revealed that a total of 150 events have induced liquefaction at more than 16,500 sites between 416 and 2008, including the original 123 earthquakes previously presented by Wakamatsu [4]. The number of the source references to occurrences of liquefaction reached 482. These 150 earthquakes are summarized in Table 1.1, and their epicentral distribution is plotted in Figs. 1.2 and 1.3, respectively.

The JMA (Japan Meteorological Agency) magnitude, *M*, of the earthquakes that induced liquefaction ranges from 5.2 to 8.6. The oldest event that was identified to have induced liquefaction is the earthquake in 745 that occurred in Gifu Prefecture, located in the central part of the main island of Japan; the most recent one is the Iwate-Miyagi Nairiku earthquake of June 14, 2008, which attacked southwestern Iwate Prefecture and northwestern Miyagi Prefecture in the northern part of the main island of Japan. Since 1885, when systematic earthquake observation began in Japan, 90 earthquakes have generated liquefaction. Thus liquefaction has occurred approximately 7 times in every decade somewhere in Japan during the last 125 years.

Distribution of liquefied sites

In Fig.1.4, distribution of the liquefied sites during the earthquakes listed in Table 1.1 is shown. Liquefaction phenomena are observed in most parts of Japan. The regional distribution is shown in Figs 1.8 to 1.11, and detailed distribution maps of the liquefied sites are included on the DVD-ROM. Except in a few cases, the liquefied sites are located in low-lying areas whose subsurface ground consists of Holocene deposits or artificial fills. In some areas, such as Tokyo, Nagoya, Osaka, Akita, and Niigata, liquefaction has been observed in more than five successive earthquakes (Fig. 1.7).

In Fig. 1.6, the number of liquefied sites in every earthquake is also listed; the total number of liquefied sites for all 150 earthquakes reached 16,688, including 125 cases for which locations of liquefied sites were not specified. The number of sites is especially large, 8083 and 1899, for No. 135, the earthquake of January 17, 1995, in Hyogoken-nambu, and No. 144, the earthquake of October 23, 2004, in Niigata-ken Chuetsu, respectively. This is because the liquefaction data for these earthquakes are especially complete as they contain the results of detailed surveys obtained by the interpretation of aerial photographs taken immediately after the earthquakes, as well as because of the strong ground motion intensity and subsurface soil conditions in the epicentral areas.

Recurrence of liquefaction at the same site

In Table 1.5, sites at which liquefaction recurred during successive earthquakes are listed. The distribution of the re-liquefied sites is shown in Fig. 1.12. Most of the sites are located in the northeastern half of Japan. This may be explained by the fact that destructive earthquakes occurred repeatedly in recent years in these areas.

Seismic intensity at liquefied sites

The extent of liquefaction in a susceptible area can be easily estimated for an earthquake based on seismic intensity if a correlation is established between past liquefaction occurrences and seismic intensity [6]. Figure 1.13 shows several examples of the distributions of liquefied sites and JMA seismic intensities. In the figure, the seismic intensity scale is the earlier one which was used until September 1996 in Japan based on a sensory intensity index. Most of the liquefied sites in each earthquake are located within the zones of JMA intensity V or greater, which is almost equivalent to intensity VIII on the Modified Mercalli (M.M.) scale. However, minor cases of liquefaction occurred at intensities less than V.

Figures 1.14 and 1.15 show the distributions of liquefied sites and JMA instrumental seismic intensities compiled by JMA and QuiQuake, respectively. The instrumental intensity is calculated from acceleration time histories in three directions, which began to be used after October 1996 in Japan. The method of calculating intensities is basically the same in both maps, but the seismic data used and the methods of evaluating site amplification are different. Both figures show that most of the liquefied sites in each earthquake are located within the zones of JMA intensity 5 (upper) and greater; however, minor sites of liquefaction occurred at intensities of 5 (lower) or 4. All of the sites where liquefaction occurred at less than intensity 5 (upper) are artificial ground such as landfill, fill on paddy field, or backfill of excavated ground.

Epicentral distance to the farthest liquefied sites

If earthquake activity in an area is known from historic seismic data, the maximum extent of the area susceptible to liquefaction can be estimated directly from the magnitude of the predicted earthquake [6]. Several investigators have analyzed the distribution of liquefaction during past earthquakes and have compared the distance from the epicenter to the farthest liquefied site, R, with the earthquake magnitude, M.

For example, Kuribayashi and Tatsuoka [1] have shown, for 32 historic Japanese earthquakes, that the farthest epicentral distance to a liquefied site, R in km, is bounded by a straight line on a magnitude-versus-logarithm-of-distance plot, which can be expressed as follows:

$$\text{Log} R = 0.77M - 3.6 \qquad (M \geq 6) \tag{1}$$

where M is the earthquake magnitude as defined using the Japan Meteorological Agency (J.M.A.) scale.

The work of Kuribayashi and Tatsuoka [1] was supplemented by Wakamatsu [4] with new data from 67 Japanese earthquakes over the past 106 years, including the original 32 earthquakes studied by Kuribayashi and Tatsuoka. As a result of this study, Wakamatsu proposed an upper bound relationship between M and R as follows:

$$\text{Log} R = 2.22 \log (4.22M - 19.0) \qquad (5.2 \leq M \leq 8.2) \tag{2}$$

Table 1.6 shows the liquefaction sites farthest from the epicenter during 88 earthquakes whose focal parameters are reliable. In Fig. 1.16, the farthest liquefaction sites listed in Table 1.6 are plotted together with the upper bound which is given by Eq. (2). The updated data listed in Table 1.6 are almost within the upper bound denoted by a solid line. This relationship can be used to predict the maximum range of liquefaction for a particular magnitude of earthquake in areas underlain by liquefiable Holocene sediments.

In practice, the bound given by Eq. (2) may be too conservative because the data listed in the Table 1.6 include even minor sand boils. Considering only those data from 46 events indicating significant liquefaction gives a less pessimistic bound (the dashed line in Fig. 1.16, Wakamatsu [8]):

$$\text{Log} R = 3.5 \log(1.4M - 6.0) \qquad (5.2 \leq M \leq 8.2) \tag{3}$$

Geomorphological conditions of liquefied sites

Figures 1.17 and 1.18 show distributions of liquefied sites and geomorphological land classification in the Kanto area and the Nobi and Tokai areas, respectively, which are major plains in Japan. Liquefied sites are located in reclaimed land areas (mauve color and pale purple in both figures) and Holocene low-lying areas such as deltas (sky-blue), natural levees (faint yellow), back marshes (light green), alluvial fans (yellow-green), and coastal sand dunes (yellow). Based on the approximately 16,500 case histories presented in this book, the sites with the following conditions are the most easily liquefiable under smaller ground shaking:

1) Recently filled or reclaimed land

2) Former river channels

3) Flood-prone areas along large rivers

4) Skirts of coastal sand dunes and lowlands between dunes

5) Backfilled land after digging

6) Filled areas across streams in hilly areas

7) Land where liquefaction occurred during a past earthquake

Place names of liquefied sites

Japanese place names often represent natural conditions such as terrain, geomorphology, and geology. The site names listed in the catalogue for liquefied sites include names which imply the ground conditions susceptible to liquefaction: the words for swamp, spring, newly cultivated land, reclaimed land, flooding, sandy soil, natural levee, sandbar, and river channel (Table 1.7). These words indicate that the sites consist of loose (young) sandy soil with high water levels.

Liquefied sites during the Suruga Bay earthquake of August 11, 2009

After the completion of the liquefaction distribution maps and catalog, liquefaction was triggered by the Suruga Bay earthquake of August 11, 2009, with JMA magnitude of 6.5. Liquefied sites are shown in Table 1.8 and Fig. 1.20. These sites are located in the area of JMA intensity 6 (lower); six cases among the eleven are reclaimed land, but liquefaction is also observed in natural ground areas such as coastal lowlands, alluvial fans, and skirts of dunes.

References

1) Kuribayashi, E. and Tatsuoka, F. (1975): Brief review of soil liquefaction during earthquakes in Japan, *Soils and Foundations*, 15, 4, pp. 81-92.

2) Youd, T.L. (1984): Recurrences of liquefaction at same site, Proc., 8th World Conf. on Earthquake Engineering, San Francisco, 3, pp. 231-238.

3) Yasuda, S. and Tohno, I. (1988): Sites of reliquefaction caused by the Nihonkai-Chubu earthquake, *Soils and Foundations*, Vol. 28, No.2, pp. 61-72.

4) Wakamatsu, K. (1991): Maps for Historic Liquefaction Sites in Japan, Tokai University Press, Tokyo, 341 pp. (in Japanese with English abstract).

5) Papathanssiou, G., Pavides, S., Christras, B. and Pitilakis K. (2005): Liquefaction case histories and empirical relations of earthquake magnituide versus distance from the broader Aegean region, *Geodynamics*, 40, pp. 257-278.

6) The Technical Committee for Earthquake Geotechnical Engineering, TC4, of the International Society for Soil Mechanics and Geotechnical Engineering (1999): Manual for Zonation on Seismic Geotechnical Hazards (Revised Version), The Japanese Geotechnical Society, 209 pp.

7) Usami, T. (2003): Materials for Comprehensive List of Destructive Earthquakes in Japan, 416-2001, University. of Tokyo Press. 605 pp. (in Japanese).

8) Wakamatsu, K. (1993): History of Soil Liquefaction in Japan and Assessment of Liquefaction Potential Based on Geomorphology, A Thesis in the Department of Archtecture Presented in Partial Fulfillment of the Requirements for the Degree of Doctor of Engineering, Waseda University, Tokyo, Japan, 245 pp.

Manual for DVD-ROM

1. INTRODUCTION

1.1 DVD contents of "Maps for Historic Liquefaction Sites in Japan, 745-2008"

DVD-ROM of "Maps for Historic Liquefaction Sites in Japan, 745-2008" includes files relating to historical liquefaction sites all over Japan and contains the files summarized in Table 3.1.

Table 3.1 Summary of files included on the DVD-ROM

Name of menu screen	Contents	File format	Remarks
Part 1	Detailed liquefaction maps (371 sheets)	PDF format	Base map: 1:50,000 scale topographic map
Part 2	Regional liquefaction maps (17 areas)	PDF format	Base map: 1:200,000 scale topographic map
Part 3	Catalog of liquefied sites (16,688 sites)	PDF format	
Part 4	483 references for liquefaction occurrence	PDF format	
Part 5	GIS data of liquefied sites	MapInfo TAB format ESRI Shapefile format Google Earth KML format	

1.2 Hardware requirements

Installation of Adobe Reader, Acrobat Reader ver. 5.0 or later, or a compatible program is required to view the PDF (Portable Document format) files listed in Table 3.1. Adobe Reader is available from the following site:

http://get.adobe.com/jp/reader/

Acrobat Reader or Adobe Reader should be set up following steps 1) to 3) below, in order to open the detailed liquefaction map files using the index map. It is possible to open the detailed liquefaction maps in a browser window; but the enlarged map, which is prepared for the liquefaction densely distributed area indicated by rectangular frame borders in the detailed liquefaction maps, cannot be seen in a browser window.

1) Select "Configuration" in the Edit menu of Adobe Reader or Acrobat Reader.
2) Select "Internet" from the list displayed in the left portion of the window.
3) Untick "Display PDF in browser" in the web browser option and click "OK."

No software to load MapInfo TAB files, SRI Shape files, or Google KML file is included on the DVD-ROM.

1.3 Copyright and disclaimer

The contents of this DVD-ROM and the accompanying book including GIS datasets are subject to copyright. Unauthorized reprinting of all or any part of the book or the DVD-ROM is prohibited by law.

No part of the published content may be copied, reproduced, transferred, displayed in a search system, or translated into other languages or computer languages without prior written permission from the University of Tokyo Press. Users of the data on this DVD are responsible for the uses to which they may be put.

Users of the liquefaction data in this DVD are requested to give credit to this compilation in the following form:

"This work uses the data files from Wakamatsu, K.: Maps for Historic Liquefaction Sites in Japan, 745-2008, University of Tokyo Press, 2011 (product serial number: JML0001)".

2. DESCRIPTION OF THE DVD CONTENTS

2.1 Detailed liquefaction maps (Part 1 on DVD-ROM)

All of the liquefied sites which could be identified by the locations where liquefaction occurred are plotted on 371 sheets of 1:50,000 scale topographic maps. The procedure for displaying the maps is described below:

1) The national map of Japan is displayed as shown in Fig. 2.1 (a) if "Part 1 Detailed liquefaction map" is selected on the menu screen of the DVD-ROM.
2) The 6 regional maps are displayed as shown in Fig. 2.1 (b) if a random area in the national map is clicked on. In the figure, large black rectangular frame borders indicate the first grid cell (1:200,000 scale map), and small red rectangular frames in the black frame correspond to the frames of the 1:50,000 scale topographic map.
3) The appropriate name of the 50,000 scale map appears if the mouse pointer is moved into the red frame. If the red frame is clicked on, the detailed liquefaction map is displayed as shown in Fig. 2.1 (c) by a 1:50,000 scale topographic map.
4) An enlarged map is displayed if A to D is clicked in the 1:50,000 scale map as shown in Fig. 2.1 (d). To open the enlarged map, set Acrobat Reader or Adobe Reader in the sequence 1) to 3), as described above, and open the detailed map shown in Fig. 2.1 (c) as a PDF file.
5) Click the inset map in the upper right portion of the window flamed by a red dotted line to go back to the previous 1: 50,000 scale map.

In the detailed liquefaction map, the liquefied sites are plotted by different symbols and colors for every earthquake, as shown in Fig. 2.1(c). The sizes of the symbols such as hollow triangles and squares indicate the degree of certainty of locations of the liquefied sites: the large symbols correspond to sites which were identified by the name of a town or village – i.e., the description was not precise enough to locate the exact liquefied site; the medium-sized symbols correspond to sites which are specified by the name of a section or a small village; and the small symbols correspond to sites which are specified by the name of a block. In contrast, the polygons represent the exact area of liquefaction specified on the basis of detailed surveys by site reconnaissance and/or the interpretation of aerial photographs taken immediately after the earthquake. The dots indicate the sites which were pinpointed as the exact locations of liquefaction.

2.2 Regional liquefaction maps (Part 2 on DVD-ROM)

Regional liquefaction distribution maps are prepared for the following 17 areas where liquefied sites are densely distributed: southeastern Hokkaido, southwestern Hokkaido, eastern Aomori prefecture, western Aomori and Akita prefectures, southern Akita and western Yamagata prefectures, Sendai area, Niigata area, Toyama area and Noto peninsula, Nagano area, Fukui and Kanazawa areas, Kanto area, Nobi and Tokai areas, Kobe and Osaka areas, Okayama area, Hiroshima area, Tottori and Shimane areas, and Fukuoka area.

In these maps, liquefied sites are plotted on 1:200,000 scale topographic maps.

2.3 Catalog of liquefied sites (Part 3 on DVD-ROM)

Information on a total of 16,688 liquefaction sites is listed in order of the date of occurrence. It includes 32 items such as geographic name, the coordinates where liquefaction occurred, references to the liquefaction occurrence, earthquake source parameters, etc.

In the list, geographic names are adapted from the name which was used in each reference; therefore, sometimes the same site is referred to by different names for different earthquakes.

Earthquakes No. 52 (Ansei-Tokai earthquake) and No. 53 (Ansei-Nankai earthquake) occurred on December 23 and 24 of the same year, in quick succession; therefore it is difficult to identify which shock triggered the occurrence of the liquefaction in some areas located between the epicenters of the two earthquakes. Thus liquefied sites during these earthquakes were combined in the database: the numbers of the sites for the two earthquakes are double-registered under both earthquakes.

Several of the liquefied sites due to earthquakes No. 136 and 137, both centered in northwestern Kagoshima Prefecture, for which it is difficult to distinguish which shock triggered the occurrence of the liquefaction, are also double-registered for both earthquakes. For these sites, number 1 is entered in the 16th column as a flag.

In several earthquakes after 1993, large numbers of occurrences of uplift of sewage manholes and pipes were observed without sand boiling in the surrounding area. This type of damage implies that it occurred due to the liquefaction of sand fill replacement in the excavated ditches (Yasuda and Kiku, 2006). Liquefaction of locally replaced soil should be distinguished from that of natural ground and wide-area landfill. Therefore, for these sites, where uplift of sewage manholes and pipes was observed without sand boiling in the surrounding area, number 1 is entered in the 15th column as a flag.

2.4 References for liquefaction occurrence (Part 4 on DVD-ROM)

A total of 483 references which documented liquefaction occurrences are listed. The list consists of two tables: comprehensive references for historical earthquakes before 1884, and individual references for each earthquake.

2.5 GIS data of liquefied sites (Part 5 on DVD-ROM)

GIS data files included on the DVD-ROM are summarized in Table 3.2. They are contained as compressed files. The files and folders are recorded by the SHIFT-JIS code.

The dataset contains 32 attributes in the MapInfo TAB format and ESRI Shape File format data summarized in Table 3.3, and three attributes in the KML file which are listed in the footnote of Table 3.3.

Table 3.2 Summary of files included in Part 5 of the DVD-ROM

Folder name	File name	Data type and geographical coordinate system	File format
TAB	LIQSITE.tab LIQSITE.dat LIQSITE.map LIQSITE.id	Geographic and attribute information (see Table 3.3), JGD2000	MapInfo TAB format
SHP	LIQSITE_region.shp LIQSITE_region.dbf LIQSITE_region.shx	Geographic and attribute information for liquefied sites represented by polygons (see Table 3.3) JGD2000	ESRI Shapefile format
SHP	LIQSITE_point.shp LIQSITE_point.dbf LIQSITE_point.shx	Geographic and attribute information for liquefied sites represented by dots (see Table 3.3) JGD2000	ESRI Shapefile format
SHP	LIQSITE symbol.shp LIQSITE symbol.dbf LIQSITE symbol.shx	Geographic and attribute information for liquefied sites represented by symbols (see Table 3.3) JGD2000	ESRI Shapefile format
KML	LIQSITE.kml	Geographic and attribute information (see Table 3.3)	Google Earth KML format

Table 3.3 Attributes included in liquefaction GIS data

Attribute No.	Attribute name	Type of Character	Description
1	No	Integer	Serial number of liquefied site (Nos. 1 –16,563)
2	LinkID	Character	Identified number of earthquake-site
3	Quake_No	Integer	Identified number of earthquake (Nos. 1–150)
4	LocationNo	Character	Identified number of liquefied sites in each earthquake
5	LNG_TYO	Float	Latitude of weighted center of liquefied site (area) in Tokyo Datum
6	LAT_TYO	Float	Longitude of weighted center of liquefied site (area) in Tokyo Datum
7	LNG_JGD	Float	Latitude of weighted center of liquefied site (area) in JGD2000
8	LAT_JGD	Float	Longitude of weighted center of liquefied site (area) in JGD2000
9	Quake_Name	Character	Name of earthquake by Usami (2003) or JMA
10	RegionName	Character	Name of epicentral area by Usami (2003) for earthquake Nos.1–86, 112 and that by JMA for remaining earthquakes
11	Date	Character	Date of earthquake
12	SiteName	Character	Geographic name of liquefied site
13	Ref_No	Character	Reference number
14	MapName	Character	Name of 1:50,000 scale topographic map
15	F_Uplift	Integer	Flag: the value "1" is stored for the sites where uplift of sewage manholes and pipes were observed without sand boiling in surrounding area.
16	F_2Quakes	Integer	Flag: the value "1" is stored for the sites at which are difficult to distinguish which shock triggered the occurrence of the liquefaction, such as Nos.52 and 53, Nos.136 and 13

17	F_Plural	Integer	Flag: the value "1" is stored for the sites with more than one identified site number.
18	F_New	Integer	Flag: the value "1" is stored for the sites contained in Wakamatsu (1991) and the value "2" is stored for the new data.
19	UsamiNo	Character	Earthquake number by Usami (2003)
20	J_Era	Character	Japanese Era of earthquake year
21	LayerName	Character	Layer name
22	Magnitude	Character	Earthquake magnitude by Usami (2003) for Nos. 1-86 and by JMA (2010) for Nos. 87-100. The value "-999.9" is stored for the earthquake which is unspecified in Usami (2003).
23	AveM	Float	Average value of earthquake magnitude in case of the magnitude with a range of values.
24	F_AveM_cal	Character	The value "1" is stored for the sites with averaged magnitude.
25	Q_LAT_TYO	Float	Latitude of hypocenter in Tokyo Datum by Usami (2003).
26	Q_LNG_TYO	Float	Longitude of hypocenter in Tokyo Datum by Usami (2003).
27	Q_LAT_JGD	Float	Latitude of hypocenter in JGD2000 by JMA (2010). The sexagesimal values were decimalized by the author.
28	Q_LNG_JGD	Float	Longitude of hypocenter in JGD2000 by JMA (2010). The sexagesimal values were decimalized by author.
29	FocalDepth	Float	Focal depth in kilometers by JMA(2010). The value "-999.99" is stored for the earthquake where there are no data for depth which is unspecified in Usami (2003).
30	LegendCol	Character	Color of symbol of liquefied site. Any one of red, black, green, or blue.
31	LegendShp	Character	Shape of symbol and polygon of liquefied site. Any one of ●, ○, △, ▽, □, ◇, or polygon.
32	LegendSize	Character	Size of symbol and polygon of liquefied site. Any one of dot, small symbol, medium symbol, large symbol, or polygon.

*1: Attributes included in KML file are only Nos.1, 4 and 9. Locations of icons indicate centroids of liquefied region.

*2: Geographical coordinates for hypocenter depth are written as either Tokyo Datum (before 1999) or Japanese Geodetic Datum 2000 (after 2000) in four columns. The Values "-999.99" or "-999.999999" in the cell indicates that geographical coordinates are not defined in this coordinate system.

References

1) Wakamatsu, K. (1991): Maps for Historic Liquefaction Sites in Japan, Tokai University Press, 341 pp. (in Japanese with English abstract).
2) Yasuda, S. and Kiku, H. (2006): Uplift of sewage manholes and pipes during the Niigataken-Chuetsu earthquake, *Soils and Foundations*, 46, 6, pp. 885-894.
3) Japan Meteorological Agency (2010) : JMA catalogue data for hypocenter record (1923-2008), *Annual Seismological Bulletin of Japan* for 2008, DVD-ROM.
4) Usami, T. (2003): Material for Comprehensive List of Destructive Earthquakes in Japan ［416］-2001, University of Tokyo Press, 605 pp. (in Japanese)

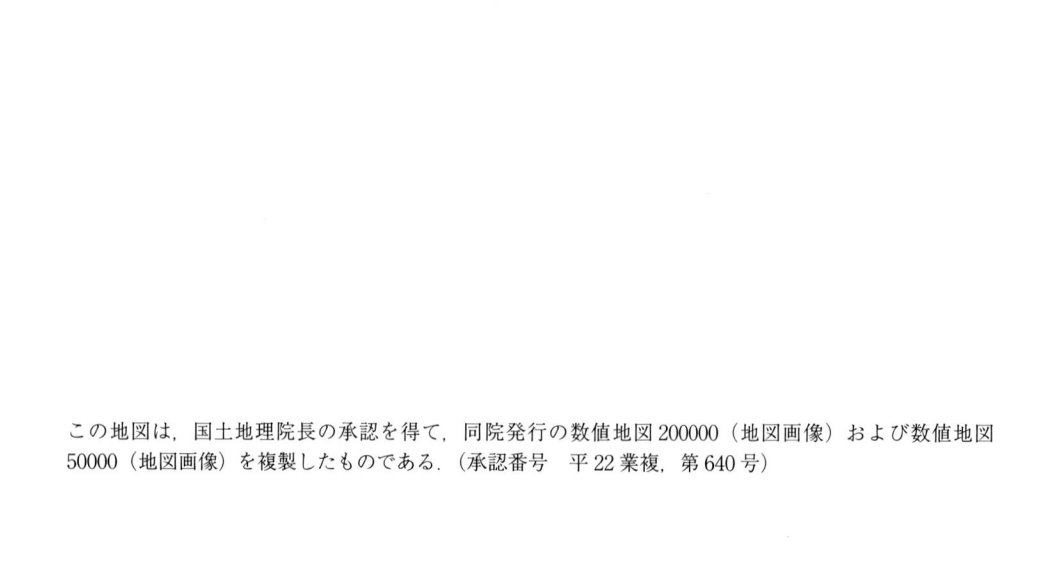

この地図は，国土地理院長の承認を得て，同院発行の数値地図200000（地図画像）および数値地図50000（地図画像）を複製したものである．（承認番号　平22業複，第640号）

著者略歴

若松加寿江（わかまつ・かずえ）
　日本女子大学家政学部住居学科卒業
　早稲田大学大学院理工学研究科修士課程修了
　現　在　関東学院大学工学部社会環境システム学科教授，博士（工学）
　　　　　東京大学生産技術研究所研究員，（独）防災科学技術研究所客員研究員，埼玉大
　　　　　学地圏科学研究センター客員教授併任
　主要著書　『日本の地盤液状化履歴図』（1991 年，東海大学出版会）
　　　　　　『日本の地形・地盤デジタルマップ』（共著，2005 年，東京大学出版会）

日本の液状化履歴マップ 745-2008　DVD ＋解説書

　　　2011 年 3 月 18 日　初　版

　　　　［検印廃止］

　著　者　若松加寿江
　発行所　財団法人　東京大学出版会
　　　　　代　表　者　長谷川寿一
　　　　　113-8654　東京都文京区本郷 7-3-1 東大構内
　　　　　電話 03-3811-8814　FAX 03-3812-6958
　　　　　振替 00160-6-59964
　印刷・製本　大日本印刷株式会社

©2011 Kazue Wakamatsu
ISBN 978-4-13-060757-5　Printed in Japan

Ⓡ＜日本複写権センター委託出版物＞
本書の全部または一部を無断で複写複製（コピー）することは，著作権法上での例外を除き，
禁じられています．本書からの複写を希望される場合は，日本複写権センター（03-3401-2382）
にご連絡ください．

若松加寿江・久保純子・松岡昌志・長谷川浩一・杉浦正美
日本の地形・地盤デジタルマップ　　　　　　　CD-ROM 1 枚・A5 判 96 頁 / 9000 円

中田 高・今泉俊文 編
活断層詳細デジタルマップ　　　　　　　DVD 2 枚・B5 判 64 頁・付図 1 葉 / 20000 円

山本明彦・志知龍一 編
日本列島重力アトラス　　西南日本および中央日本　　CD-ROM 1 枚・B4 判 136 頁 / 9200 円

小池一之・町田 洋 編
日本の海成段丘アトラス　　　　　CD-ROM 3 枚・A4 判 122 頁・付図 2 葉 / 20000 円

町田 洋・新井房夫
新編 火山灰アトラス　日本列島とその周辺　　　　　　B5 判 336 頁 / 7400 円

斎藤正徳
地震波動論　　　　　　　　　　　　　　　　　　　　A5 判 552 頁 / 7800 円

小長井一男
地盤と構造物の地震工学　　　　　　　　　　　　　　A5 判 200 頁 / 4200 円

山中浩明 編著 / 武村雅之・岩田知孝・香川敬生・佐藤俊明
地震の揺れを科学する　みえてきた強震動の姿　　　　4/6 判 200 頁 / 2200 円

ここに表示された価格は本体価格です．ご購入の
際には消費税が加算されますのでご諒承ください．